车辆燃料生命周期能耗和
排放分析方法

高有山 著

北 京

冶 金 工 业 出 版 社

2013

内 容 简 介

　　本书采用国际流行的 Well-to-Wheel 方法介绍了车用燃料生命周期能量消耗与污染物排放的分析原理，为我国进行车用新能源和替代能源开发利用提供评估理论和方法。本书共 7 章，分别为绪论、生命周期评价方法、车用燃料 WTW 能量消耗及排放分析、柴油燃料 WTT 阶段能量耗量和排放分析、天然气及氢燃料 WTT 阶段能量消耗和排放分析、车用燃料 TTW 阶段能量消耗和排放计算、车用燃料 WTW 阶段能量消耗和排放计算。

　　本书可供政府、企事业单位和研究机构从事替代燃料的决策人员和研究人员参考。

图书在版编目（CIP）数据

　　车辆燃料生命周期能耗和排放分析方法/高有山著. —北京：冶金工业出版社，2013.12
　　ISBN 978-7-5024-6464-6

　　Ⅰ.①车…　Ⅱ.①高…　Ⅲ.①汽车燃料—能量消耗—研究　②汽车排气污染—研究　Ⅳ.①U260.15②X511

　　中国版本图书馆 CIP 数据核字（2013）第 306552 号

出 版 人　谭学余
地　　　址　北京北河沿大街嵩祝院北巷 39 号，邮编 100009
电　　　话　(010)64027926　电子信箱　yjcbs@ cnmip. com. cn
责任编辑　李培禄　美术编辑　吕欣童　版式设计　孙跃红
责任校对　郑　娟　责任印制　张祺鑫
ISBN 978-7-5024-6464-6
冶金工业出版社出版发行；各地新华书店经销；三河市双峰印刷装订有限公司印刷
2013 年 12 月第 1 版，2013 年 12 月第 1 次印刷
148mm×210mm　6.375 印张；189 千字；191 页
29.00 元

冶金工业出版社投稿电话：**(010)64027932**　投稿信箱：**tougao@cnmip. com. cn**
冶金工业出版社发行部　电话：**(010)64044283**　传真：**(010)64027893**
冶金书店　地址：北京东四西大街 46 号(100010)　电话：**(010)65289081**(兼传真)
　　　　（本书如有印装质量问题，本社发行部负责退换）

前　言

在我国现代化进程中，车辆保有量的快速增长带来石油消耗和污染物排放的急剧增长。和其他国家相比，我国的石油资源非常紧缺，国家石油能源安全形势严峻。预计到 2020 年和 2030 年，我国交通用能将达到原油 282.35～423.53Mt，对我国石油供应安全形势无疑是一个巨大的挑战。此外，车辆保有量的增长对环境及能源的负面影响也越来越突出，我国将长期面临保障能源安全和减缓气候变化所带来的挑战。开发新能源是解决能源问题的根本途径，当新能源开发技术、成本难题尚未取得重大突破前，替代能源开发是行之有效的途径。用燃料生命周期分析车用新能源和替代能源的能量消耗与污染物排放成本，可为合理选用车用新能源和替代能源提供参考和依据。国外对各种燃料的生命周期研究分析较为系统和全面，而我国起步较晚。已有的燃料生命周期评价研究表明，燃料的生命周期评价结果有地域性，对燃料的制备技术和车辆技术有很高的依赖性，在评价某种燃料时，必须考虑车辆燃料具体工艺和技术对结果的影响。由于 LCA 研究的对象、边界、指标以及采用的文献和数据资料不同，分析结果有很大差异，An Feng 认为即使是用 WTW 分析两种类型的燃料电池汽车，其能量消耗和温室气体排放的分析结果也有很大的差异和不确定性。Sullivan 研究所指出"由于不同的边界、数据质量以及研究假设，比较生命周期研究结果是非常困难的，定义的范围、技术、时间、地域、系统边界不同将使分析结果相差 2～10 倍"。为准确评定各种车用燃料在生命周期的能量消耗和污染物排放，应该采用统一而明确的对比标准和系统边界，同时还应尽可能简化分析，使计算容易进行。本书论述的车用燃料生命周期分析主要包括原料开采、处理、运输，燃料生产、运输、分配销售，车辆运行等诸多环节；明确规定了分析的区域、时限、燃料种类和车辆运行数量；根据车辆性能、大小、等级、寿命、比功率等选定基准车辆；为评价温室气体排放，明确了温室气体种类及全球变暖潜值；为评价燃料能量消耗，明确了车辆寿命及行驶工况。

　　本书使用了清华大学汽车安全与节能国家重点实验室关于天然气及掺氢天然气发动机燃料消耗和废气排放的台架试验数据、交通运输部公路科学研究院汽车运输技术研究中心的大型客车燃油消耗数据以及 BP 公司的能源统计数据，在此表示深切感谢。

　　特别感谢北京航空航天大学交通科学与工程学院李兴虎教授、交通运输部公路科学研究院汽车运输技术研究中心蔡凤田研究员在本书编写过程中给予的热情指导和帮助，同时也感谢史朝阳、宗亚飞、吕少华、李子慧、郝楠楠等在数据处理和文献查询等方面所做的大量工作。

　　由于著者水平有限，书中不足之处，敬请读者批评指正。

著　者

2013 年 10 月

目　录

术 语 缩 写

CAFE   Corporate Average Fuel Economy（公司平均燃油经济性）

CNG   Compressed Natural Gas（压缩天然气）

DOD   Department of Defense（美国国防部）

DOE   Department of Energy（美国能源部）

DOT   United Stated Department of Transportation（美国交通运输部）

ECE   Economic Commission for Europe（欧洲经济委员会）

EEC   European Economic Community（欧洲经济共同体）

EIA   Energy Information Administration（美国能源情报署）

ELR   European Load Response Test（负荷烟度试验）

EPA   Environmental Protection Agency（美国环境保护局）

ESC   European Stationary Cycle（稳态循环）

ETC   European Transient Cycle（瞬态循环）

FCV   Fuel Cell Vehicle（燃料电池）

HCNG   Natural Gas with Hydrogen Addition（掺氢天然气）

HEV   Hybrid Electrical Vehicle（混合动力汽车）

HSS   Hamersley Sequence Sampling（哈默斯利序列采样）

ICE   Internet Communications Engine（内燃机）

ISO   International Organization for Standards（国际标准化组织）

LCA   Life Cycle Assessment（生命周期评价方法）

LCI   Life Cycle Inventory（生命周期清单）

LNG   Liquefied Natural Gas（液化天然气）

LPG   Liquid Petroleum Gas（液化石油气）

OECD   Organization for Economic Cooperation and Development（经济合作与开发

组织）

OEM	Original Equipment/Entrusted Manufacture（原始设备制造商）
SETAC	The Society of Environmental Toxicology and Chemistry（环境毒物学与化学学会）
TTW	Tank-to-Wheel（油箱到车轮）
ULEV	Ultra Low Emission Vehicle（超低排放车辆）
USAMP	The United States Automotive Materials Partnership（汽车材料合作组织）
VOC	Volatile Organic Compounds（挥发性有机化合物）
WTT	Well-to-Tank（油井到油箱）
WTW	Well-To-Wheel（油井到车轮）

第1章 绪 论

1.1 背景

中国经济的飞速发展推动了乘用车、商务车和工程车辆保有量的迅猛增长。据国家统计局发布 2011 年国民经济和社会发展统计公报显示，2011 年末我国民用汽车保有量达到 10578 万辆（包括三轮汽车和低速货车 1228 万辆），工程车辆各类产品保有量约为 504 万 ~ 547 万辆。在现代化进程中，车辆保有量的增长对环境及能源的负面影响也越来越突出，我国将长期面临保障能源安全和减缓气候变化所带来的挑战。车用能源问题已成为我国能源和环境问题中的一个核心问题。开发替代能源和新型动力车辆，实现车用能源可再生和多样化已成为一项迫在眉睫的工作。但车用能源涉及能源、环境、技术、经济、社会、政策、管理体制等多个方面，需要进行长远规划和战略布局。目前车用燃料仍主要是汽、柴油，替代能源、混合动力及电动车辆作为中期目标，氢动力燃料电池技术是最终目标。车用能源种类主要包括化石类能源，如汽、柴油和天然气、电能、氢能、生物能等。

1.2 世界及中国能源状况

世界探明的石油储量从 1986 年的 120Gt 增到 2011 年的 234.3Gt，增长 95%；而我国每年探明的石油储量呈逐年下降趋势，由 1986 年的 2.33Gt 减为 2011 的 2Gt，减少了 14%，占世界的比例也从 1986 年的 1.95% 降为 2011 的 0.8%。全球石油产量从 1996 年的 3376.5Mt 增长到 2011 年的 3995.6Mt，增长了 18%，我国的石油产量从 1996 年的 158.8Mt 增加到 2011 年的 203.6Mt，增长了 28%，占世界的比例也相应从 1996 年的 4.69% 变为 2011 年的 5%[1]。以上数据表明，我国探明的石油储量逐年减少而同期产量不断增长。我国 2011 年探明储量和产量比为 9.9，而世界平均为 54.2，可见和其他国家相比我国的石油资源非常紧张，国家石油能源安全形势严峻[2]。

2011 年全球石油消费 4059.1Mt，比 2010 年增长 0.7%，仍是全球主导性燃料，占全球能源消费的 33.1%。经合组织国家的石油消费量减少 1.2%，为 1995 年以来的最低水平，非经合组织国家的石油消费量增长 2.8%。随着经济的快速发展，我国的石油消耗量从 1996 年 173.8Mt 快速增加到 2011 年的 461.8Mt，占世界的比例也相应从 5.19% 增加到 11.4%。2011 年日本地震和海啸对世界各地的核能和其他燃料供需造成了重大影响，石油价格创下了历史新高，2011 年首次突破 100 美元关口，布伦特现货均价为每桶 111.26 美元，较 2010 年上涨 40%。2011 年我国产消差额达 258.2Mt，消费总量的 56% 需进口，国际原油价格的不断高企，给我国造成沉重的经济负担。普氏（Platts）公司统计近 30 年来国际原油价格变动如图 1-1 所示，近 10 年我国与世界主要石油生产国家和地区石油生产及消耗情况见图 1-2。

天然气是石油资源的重要补充。2011 年世界天然气探明储量为 $208.4 \times 10^{12} \mathrm{m}^3$，产量为 $3276.2 \times 10^9 \mathrm{m}^3$，储产比为 63.6。我国 2011 年探明的天然气储量为 $3.1 \times 10^{12} \mathrm{m}^3$（2790Mt 油当量），产量为 $102.5 \times 10^9 \mathrm{m}^3$，储产比为 29.8。对比探明的天然气和石油储量，可知天然气开发利用程度比石油低。近 10 年我国与世界主要国家和地区天然气生产及消耗情况见图 1-3。根据德国联邦经济与出口管制局（BAFA）数据，近 15 年来典型国家天然气价格变动如图 1-4 所示。

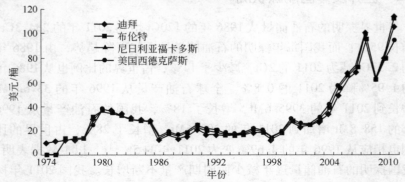

图 1-1 国际原油价格变动情况

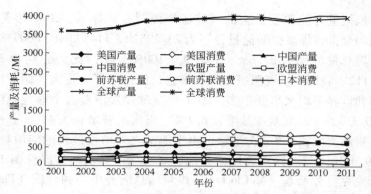

图 1-2　我国与世界主要国家和地区石油生产及消耗情况

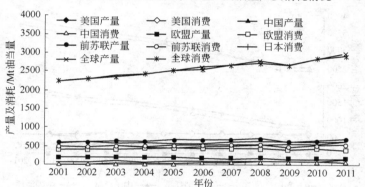

图 1-3　我国与世界主要国家和地区天然气生产及消耗情况

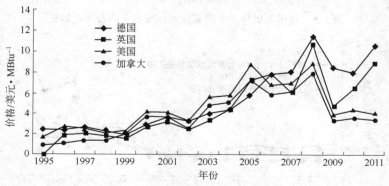

图 1-4　典型国家天然气价格情况

(1Btu＝1.055kJ)

根据世界能源委员会的《能源资源调查》显示，2011年美国、中国和全世界煤炭探明储量分别为237295Mt、114500Mt、860938Mt，占世界总量分别为27.6%、13.3%、100%，储产比为分别为239、33、112。我国煤炭资源虽然比较丰富，但由于开采量大，储产比比美国和世界平均水平低很多。2011年全球煤炭消费占全球能源消费的30.3%，全球煤炭产量增长6.1%、煤炭消费增长5.4%，其中我国煤炭消费增长9.7%，是除可再生能源之外增长最快的能源种类。近10年我国与世界主要国家和地区煤炭生产及消耗情况见图1-5。根据麦克科劳斯基（McCloskey）煤炭信息服务中心和普氏（Platts）公司数据，近年来煤炭价格如图1-6所示。

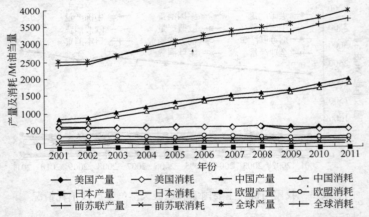

图1-5 我国与世界主要国家和地区煤炭生产及消耗情况

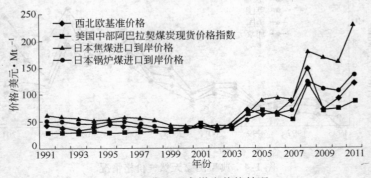

图1-6 典型国家煤炭价格情况

2011年全球水力发电量增长了1.6%，核能发电量降低了4.3%，创下最大的降幅纪录，主要是因为3月11日日本发生9.0级地震，由地震引发的福岛核电站事故，引起了社会各界的广泛关注和对核能安全的担忧。近10年全球主要国家和地区水电和核电消耗如图1-7、图1-8所示。

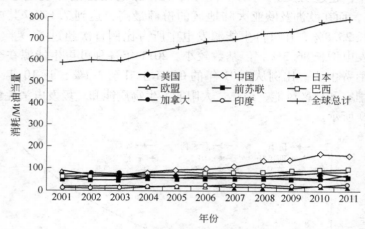

图1-7　典型国家水电消耗情况

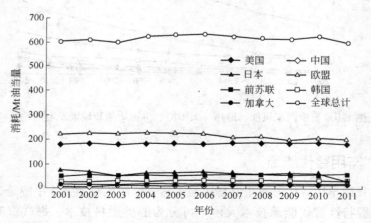

图1-8　典型国家核电消耗情况

2011年全球生物燃料生产增幅为0.7%，即每日1万桶油当量

（桶油当量/日），创下 2000 年以来的最低年增长速度。由于汽油中的乙醇燃料比例已达到"掺混瓶颈"，美国的可再生能源发展速度放缓（增速为10.9%，即5.5万桶油当量/日），巴西生物燃料产量减少5万桶油当量/日，降低15.3%。而可再生能源发电量增长17.7%，超过历史平均水平，可再生能源电力占全球发电总量的3.9%，而在欧洲及欧亚大陆地区的份额最高，达到7.1%。其中风电增长25.8%，在可再生能源发电中所占比例首次超过了一半。太阳能发电增长86.3%，但基数较小。2011 年各种可再生能源在全球能源消费中所占比例从 2001 年的 0.7% 上升至 2.1%。近 10 年全球主要国家和地区风能、地热、太阳能、生物质能和垃圾发电消耗量如图 1-9 所示。

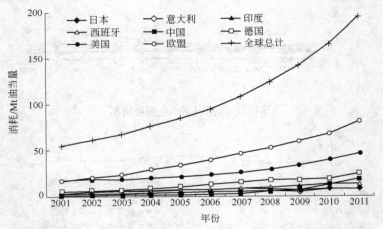

图 1-9 典型国家风能、地热、太阳能、生物质能和垃圾发电消耗量

1.3 车用替代能源

我国车用替代燃料主要是压缩天然气、液化石油气、甲醇等，根据能源特性替代能源技术大体上可分为醇类燃料技术、燃气汽车技术、生物柴油技术、电动力技术 4 大类。Scheuerer Laus 对交通运输能源需求情况的研究结果表明，以当前的发展趋势未来 10~15 年内将出现燃料供应短缺，合成碳氢燃料、生物乙醇、植物油脂肪酸甲

酯、氢、天然气、LPG、电能是较为理想的车用替代燃料或能源[3]。表1-1列出了车辆常用的燃料及供给路线。

表1-1　车辆燃料及供给路线

可再生能源发电	氢	火电、核电	氢
原油	汽油	沼气	煤层甲烷
	柴油		氢
煤炭	汽油	甘蔗糖、油菜籽生物能源	乙醇
	甲醇		植物油
	氢		油菜籽甲基酯
天然气	天然气	木质纤维素生物能源	氢
	甲醇		甲醇
	费托柴油		乙醇
	费托石脑油		费托柴油
	氢		费托石脑油

天然气中甲烷（CH_4）含量为85%～99%，用作发动机燃料具有低排放、低价格、储量丰富等优点，使用时可以是液化天然气（LNG）或压缩天然气（CNG），在拓展汽车燃料来源、补充石油燃料的短缺方面有较大潜力。据国际天然气联合会调查，美国、意大利、加拿大等30多个国家正在实施以天然气代替石油产品的发展策略。美国消耗的能源中22%是天然气[4]，2006年全世界有500万辆天然气汽车，北美有13.5～15万辆，快速加气站也已经超过4000座[5]。天然气汽车逐渐向大型客车、校车、垃圾车、中型和重型货车发展。天然气辛烷值高、抗爆性好、燃烧噪声小、燃烧温度低、燃烧产物中没有苯、铅等有害物[6]。虽然天然气具有较多优点，在汽车上的应用技术也较为成熟，但天然气的活化能较高，其层状火焰的传播速度较慢，使燃烧时间增加，因此天然气发动机存在燃烧不充分的现象[7]。

氢是正在推广的能源载体，燃烧产物为H_2O，无HC排放，在传统发动机上燃用氢也是世界各大汽车公司关注的焦点之一，宝马、福特等汽车公司都已研制出氢燃料汽车，加注一次燃料后的有效行程为

180~200km。发动机在改用氢燃料时不需要对发动机作较大改动；而且氢气的经济性好，可降低氮氧化物等有害废气的排放量[5]。氢作为今后有前途的燃料，可通过多种途径使用多种原料（矿物能源和可再生能源）生产[8,9]。但氢燃料价格是汽油价格的数倍。氢能的生产成本和建立覆盖地域广阔的公共加氢站是氢燃料汽车推广的主要障碍。

将氢气与天然气按比例混合形成的气体燃料（HCNG），有 H_2 燃烧速率快和 CNG 体积热值高的优势[10~13]；由于掺氢后燃料的 H/C 比高于天然气，可提高燃烧热效率并减少 CO_2 排放，是一种低温室气体排放的新型汽车燃料。因氢气体积能量密度很低，随着天然气中掺氢体积比的增加，燃料的体积低热值降低；但氢着火极限宽，天然气掺氢后可扩展其稀燃极限，燃烧非常稀的混合气，稀薄燃烧使燃料在大的空燃比下能够获得更加充分的燃烧，从而能提高 HCNG 燃料发动机的热效率，提高发动机性能[14]。表 1-2[5] 列出了天然气和氢气的主要物性，可知氢气和天然气具有部分相近的燃烧物性，但氢气的燃烧速度大约是天然气的 8 倍，在天然气中掺入氢气可以提高混合气的燃烧速度，点火可更靠近发动机上止点，减少压缩负功，从而提高热效率；氢气的点火能量低，不需要高能点火系统；氢气的可燃混合界限宽，稀薄燃烧极限达 0.068 （当量比）；淬熄距离只有天然气的 30%。因此，少量氢气可以拓宽混合气的可燃混合比例，可实现稀薄燃烧，降低 NO_x 和 HC 排放。此外稀燃造成燃烧温度低，使发动机排温较低，可有效地提高发动机的可靠性[5]。图 1-10 是 CNG 和

表 1-2 天然气和氢气的主要物性

物 性	NG	H_2
密度（标准条件下）/kg·m^{-3}	0.714	0.0899
低热值/MJ·kg^{-1}	50.05	120
低热值/MJ·m^{-3}	35.37	10.805
辛烷值	107.5	>130
理论空然比（体积）/m^3·m^{-3}	9.53	2.38
最小淬熄距离/cm	0.2	0.06

HCNG 发动机燃烧排放对比[15]，可知发动机使用 CNG 或 HCNG 比石油燃料产生的温室气体排放低，且随着掺氢体积比的增加，温室气体排放逐步降低；5HCNG（掺氢体积比 5% 的天然气）发动机比 CNG 发动机的 THC、CO、NO$_x$ 排放也低。

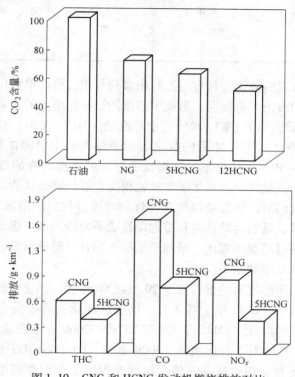

图 1-10　CNG 和 HCNG 发动机燃烧排放对比

表 1-3 是北京绿源达清洁燃料汽车技术发展有限公司 2005 年 9 月检测的天然气掺氢试验用北京地区的天然气成分，从中可知天然气分子量为 15.9112，体积低热值为 35.63MJ/m^3，与甲烷的分子量 16.04、体积低热值 35.88MJ/m^3 非常接近[5]。

醇类燃料是清洁车用替代燃料的一种，分为甲醇和乙醇两种。甲醇是由煤、焦、天然气、轻油、重油等为原料合成生产的工业甲醇，工业甲醇有毒、易燃、易爆。在常温常压下，甲醇为无色、透明、易

表1-3 天然气成分

组 分	体积分数/%	组 分	体积分数/%
CH_4	96.51	C_2H_6	1.2
C_3H_8	0.18	i-C_4H_{10}	0.02
n-C_4H_{10}	0.02	i-C_5H_{12}	0.01
O_2	0.01	CO_2	1.81
N_2	0.22		

流动、易挥发的液体，具有与乙醇相似的气味，可以单独作为车用燃料，也可和汽油混合使用，形成甲醇汽油，并用甲醇的含量作为燃料标记，如低醇汽油（M3～M5）、中醇汽油（M15～M30）和高醇汽油（M85～M100），其中 M 后的数字表示甲醇汽油中甲醇的体积分数。使用最多的 M15 甲醇汽油，抗爆性能好，燃烧排出物的毒性比普通含铅汽油小，排气中一氧化碳含量也较少，燃烧清洁性能良好。但一般的甲醇汽油对汽油发动机的腐蚀性和对橡胶材料的溶胀率都较大，且易于分层，低温运转性能和冷起动性能不及纯汽油。燃烧甲醇汽油的发动机通过增加压缩比、增加喷油量来弥补甲醇热值低的不足，增加发动机的功率和扭矩。

中国对甲醇燃料的推行始于 20 世纪 60 年代，国家已经开始在山西省实验成功。2009 年 7 月 2 日，国家标准化管理委员会发布公告称，《车用甲醇汽油（M85）》GB/T 23799—2009 标准正式批准颁布，并于 2009 年 12 月 1 日起实施。2009 年 11 月 1 日我国首个《车用燃料甲醇》标准获得批准并实施。该标准规定了车用燃料甲醇的技术要求、试验方法、检验规则及标志、包装、运输、贮存和安全等要求，适用于车用燃料甲醇的生产、检验和销售，是把甲醇从化工产品向燃料转变的合法依据。该标准是甲醇汽油的首个产品标准，这促使甲醇汽油迎来在全国全面推广和发展的契机。目前山西、新疆、辽宁、四川、浙江、陕西、黑龙江、福建、江苏、甘肃、贵州、河北等12 个省、自治区已出台地方标准，全面或试点推广甲醇燃料。其中，山西是国内最早开展甲醇汽油产业研究和推广的省份，煤制甲醇掺混车用燃料已经在该省运作多年。山西推广甲醇燃料工作已从"试验示范阶段",进入到"产业化推广阶段",将成为中国汽车产业"未来燃料基地"。中国北方地区的山西、陕西、四川、宁夏、内蒙古和甘肃6省区已经开始着手共建晋陕川甘宁蒙煤基醇醚燃料试验示范区,计划通过联片推广甲醇汽油的方式,推动醇醚燃料(甲醇汽油)推广提速。浙江省规划成为"全国醇醚燃料新能源推广示范基地",并于2010年4月13日于衢州市正式启动浙江省的甲醇汽油试点推广。

乙醇俗称酒精,在常温、常压下是一种易燃、易挥发的无色透明液体,以玉米、蔗糖等农作物为原料,采用生物发酵方法生产。乙醇可以调入汽油或柴油中作为车用燃料,我国所使用的乙醇汽油是用90%的不含甲基叔丁基醚(MTBE)、含氧添加剂的专用汽油与10%的燃料乙醇,按国标GB18351—2001的质量要求,通过特定工艺混配而成。它可以改善油品的性能和质量,降低一氧化碳、碳氢化合物等主要污染物排放。目前,乙醇在汽油机上的应用已经成熟,使用中出现的技术问题得到了妥善解决,应用范围也已扩大到黑龙江、吉林、辽宁、河南、安徽5省及湖北、山东、河北和江苏4省的部分地区。2010年国家发展与改革委员会上呈全国两会的报告统计,全国已有每年混配1000万吨乙醇汽油的能力,乙醇汽油的消费量已占全国汽油消费量的20%,在世界上继巴西、美国之后成为生产乙醇汽油的第三大国。

乙醇在柴油机上的应用处于研究阶段,还存在燃料混合、燃烧、排放等问题。乙醇在柴油机上的混合燃烧主要分为3大类:机外混合、机内混合燃料燃烧以及在线混合。机内混合是以双燃料喷射为主,即采用两个喷油器分别将柴油和乙醇在不同时刻喷入燃烧室中,并利用柴油可以压燃的特点来点燃醇类燃料。此种方式可根据发动机工况来调节乙醇的比例,具有突出的高替代率、高热效率和高净化碳烟效果,但需要对发动机的供油系统和燃烧室作较大的改造。在线混合与机内混合相似,也可根据发动机工况来调节乙醇的比例。但在线混合有专门的混合装置,不是在燃烧室内发生混合,所以在线混合只需对发动机的供油系统作较大的改造。这两种混合方式均改变了柴油机原有结构,使气缸盖的结构变得更为复杂,令其普及受到一定的阻碍。机外混合燃料燃烧是燃料在出厂前配置出合适比例的乙醇—柴油混合燃料。这样在原机不作较大改动或很少改动的情况下使用这种混合燃料，可满足发动机经济性、动力性和环保要求，且适于推广使用。

1.4 交通运输石油能源消耗和 CO_2 排放状况

1.4.1 交通运输石油能源消耗状况

交通运输行业是一个高能源消耗的行业，如美国2004年每天消耗在交通运输领域的原油和精炼产品约占其总量（2.82Mt）的2/3，且每年均在不断增长，据美国能源信息署（EIA）预测，由于总里程数的增长超过了单位里程能源利用效率改进的幅度，汽油和柴油的消费将继续增加，预计在未来25年里原油进口增加1/3，精炼产品进口几乎翻番，到2030年美国石油总消费的62.5%将需要从国外进口[16]。我国交通运输行业也在随着经济的发展而快速发展，公路旅客周转量从2000年到2010年平均年增长8.5%，公路货物周转量2010年是2000年的7倍；公路运输汽车拥有量由1990年的31.30万辆发展到2010年的1133.3万辆，增长了36.2倍；民用汽车拥有量从2002年的2053.17万辆，增长到2011年的9356.32万辆，增长了4.5倍；2011年其他各类机动车辆保有量11549.16万辆。交通运输、仓储和邮政业石油消耗从1990年的16.83Mt增长到2010年的148.7Mt，增长了8.8倍[17]。2004年汽油客车燃油消耗量为12L/（100km·t）、柴油客车燃油消耗量为11L/（100km·t）、汽油货车耗油量为8L/（100km·t）、柴油货车耗油量为6L/（100km·t），全国营运客、货车的汽油消耗总量为15.84Mt、柴油燃料消耗总量为31.87Mt，总计47.71Mt[17]。2005年道路运输汽柴油消耗量为53.47Mt，占汽柴油生产总量（165Mt）的32.4%，占全国石油消费总量（317Mt）的17%。1999～2004年间全国营运客、货车汽油柴油油耗总量由28.14Mt增至47.71Mt，增长了69.5%，年均增长率为13.9%。

据分析，当人均国民生产总值达到10000美元左右时，交通用能占终端用能的比例一般都将达到 20% 左右，特别是发达国家交通用能平均占其能源消费总量的 30% 和石油消费总量的 95%，而我国目前分别为 8% 和 25%[3]。预计随着经济的发展，交通运输用能占能源消费总量的比例将会上升，交通运输能源消耗量将增加；因交通运输领域消耗的能源 95% 是汽油和柴油等石油产品，预计到 2020 年和 2030 年，我国交通用能将达到原油 282.35 ~ 423.53Mt，对中国石油供应安全形势无疑是一个巨大的挑战[18]。

1.4.2 交通运输的 CO_2 排放状况

1992 年 6 月 150 多个国家在巴西里约热内卢举行联合国环境与发展大会，制定了《联合国气候变化框架公约》，以全面控制二氧化碳等温室气体排放，应对全球气候变暖给人类经济和社会带来不利影响。第 3 次缔约方大会于 1997 年 12 月 11 日在日本京都召开，149 个国家和地区的代表通过了《京都议定书》，要求在 2008 ~ 2012 年温室气体全部排放量比 1990 年水平至少减少 5.2%。

交通运输的温室气体排放占温室气体排放总量比例较大且增长较快。能源消耗和温室气体排放是紧密联系的，要减少温室气体排放，必须控制能源消耗。

联合国国际能源署估计在 2002 年中国 CO_2 排放总量已经达到了 4.08Gt，是 10 年前的 1.53 倍，折合人均是每人 3.2t；2005 年我国人均 CO_2 排放量约为 3.9t，低于世界的平均水平 4.2t，约为经合组织（OECD）国家人均 CO_2 排放量（11t）的 2/5。为降低我国 CO_2 排放强度、减少排放总量，必须提高能源效率。虽然过去 20 年我国能源利用效率有了很大的提高，但相对于发达国家仍有差距，特别是交通运输有较大的节能与减少 CO_2 排放的潜力。通过制定燃料消耗量限值法规标准，可以促进车辆燃油经济性技术进步，提高能源利用效率，在节约能源的同时减少 CO_2 排放。开发新能源是解决能源问题的根本途径，当新能源开发技术、成本难题尚未取得重大突破前，替代能源开发是行之有效的途径。用燃料生命周期分析燃料消耗量限值对车辆能量消耗和污染气体排放，可以全面评估燃料消耗量限值实施的效果；对预期的车辆能量消耗和污染气体排放，也可通过燃料生命周期分析来确定所需的燃料消耗量限值，为制定燃料消耗量限值提供合理的依据。

由于天然气发动机、天然气掺氢发动机和传统内燃机具有很大的通用性，车辆制造时的能量消耗和污染物排放差异相对较小，用燃料生命周期评价天然气、天然气掺氢燃料，通过和传统石油燃料的对比，可以准确评估该替代燃料的能量消耗和污染气体排放的成本。

汽车的石油消耗和排放增长很快，可从汽车技术和政策法规上采取措施以缓解汽车带来的能源和环境问题，如电动及混合动力、代用燃料技术等，美、欧、日限制汽车燃料消耗的法规具有代表性。随着我国汽车保有量的快速增加，消耗的石油量不断上升。为提高我国汽车的燃油经济性水平，国家质量监督检验检疫总局和国家标准化管理委员会于2004年10月联合发布了强制性国家标准GB19578—2004《乘用车燃料消耗量限值》，首次对3.5t以下的轻型载客车辆按整车整备质量进行分段，并确定了各质量段内汽车要达到的"百公里燃料消耗量限值"的标准。该标准将乘用车燃料消耗量限值标准按照整车整备质量划分为16类，分两阶段实施，第一阶段于2005年7月1日起实施，第二阶段于2008年1月1日起实施，第二阶段的限值比第一阶段限值平均下降9.6%。随后交通部颁布了JT 711—2008《营运客车燃料消耗量限值及测量方法》和JT 719—2008《营运货车燃料消耗量限值及测量方法》强制标准。这些标准的颁布和实施将有利于降低我国车辆的燃料消耗量和温室气体排放。

参 考 文 献

[1] 国家统计局工业交通统计司. 中国能源统计年鉴2011 [M]. 北京：中国统计出版社，2012.

[2] BP世界能源统计年鉴2012：bp. com/statisticalreview.

[3] 张亮. 车用燃料煤基二甲醚的生命周期能源消耗、环境排放与经济性研究 [D]. 上海：上海交通大学，2007.

[4] Spath P L, Mann. M K. Life Cycle Assessment of a Natural Gas Combined-Cycle Power Generation System [R]. U.S. Department of Energy Laboratory Operated by Midwest Research Institute, 2000.

[5] 张继春. 点燃式天然气掺氢发动机燃烧特性研究 [D]. 北京：北京航空航天大

学，2007.

［6］李兴虎，张有才，周大森，等．492QC 发动机燃用天然气的实验研究 ［J］．北京工业大学学报，2000，26（04）：117～120.

［7］李娜，张强，王志明．燃烧室结构对天然气发动机燃烧过程的影响 ［J］．农业机械学报，2007，38（02）：52～55.

［8］Solli C，Strømman A H，Hertwich E G. Fission or Fossil：Life Cycle Assessment of Hydrogen Production ［J］．Proceedings of the IEEE，2006，94（10）：1785～1794.

［9］Fleming J S，Habibi S，Maclean H L，et al. Evaluating the Sustainability of Producing Hydrogen From Biomass Through Well- to- Wheel Analyses ［J］．SAE. 2005，2005- 01- 1552. Journal of Materials and Manufacturing. 114（5）：729～745.

［10］杨振中，孙永生．最佳过量空气系数优化控制氢发动机性能的建模实现 ［J］．内燃机工程，2006，27（03）：39～42.

［11］Akansu S O，Dulger A，Kahraman N. Internal Combustion Engines Fueled by Natural Gas- Hydrogen Mixtures ［J］．International Journal of Hydrogen Energy，2004，29（14）：1527～1539.

［12］Karim A G，Wierzba I，Al-alousi Y. Methane-Hydrogen-Mixtures as Fuels ［J］．International Journal of Hydrogen Energy，1996，21（7）：625～631.

［13］李勇，马凡华，刘海全，等．HCNG 发动机掺氢比选择试验研究 ［J］．车用发动机，2007（02）：14～17.

［14］王金华，黄佐华，刘兵，等．不同点火时刻下天然气掺氢缸内直喷发动机燃烧与排放特性 ［J］．内燃机学报，2006，24（05）：394～401.

［15］Mao Zongqiang. Hydrogen Energy for transportation sector in China ［J］．Nuclear Hydrogen Production and Application，2006，1（1）：1～6.

［16］Davis S C，Diegel S W. Transportation Energy Data Book Edition 23 Center for Transportation Analysis ［R］．Center for Transportation Analysis，Oak Ridge National Laboratory，2003.

［17］中华人民共和国国家统计局．中国统计年鉴 2011 ［M］．北京：中国统计出版社，2012.

［18］张晓华，刘滨，张阿玲．中国未来能源需求趋势分析 ［J］．清华大学学报（自然科学版），2006，46（6）：879～881，892.

第2章　生命周期评价方法

2.1　发展历史

生命周期评价（Life Cycle Assessment，LCA）是对产品的环境影响和能源负担进行评估，包括原材料生产、存储、制造、配送、使用、报废处理等必需的环节，从而为产品选择最小的环境影响和能源负担的方案提供依据。环境影响和能源负担包括全球变暖、酸化、烟雾、臭氧层破坏、（河流、湖泊等）海藻污染、有毒物污染、沙化、土地使用、矿物和石化燃料的消耗等。美国哈佛大学教授雷蒙德·弗农（Remond Vernon）于1966年对工业品的贸易流向进行分析，建立了国际贸易产品的生命周期理论。1969年美国中西部资源研究所对可口可乐公司一次性塑料瓶和可回收玻璃瓶两方案从最初的原材料开采到最终的废物处理全过程对资源、能源和环境的影响进行评价研究，被认为是生命周期评价研究开始的标志，其时英国的BOUSTEAD咨询公司、瑞典的Sundstrom公司也对产品包装的废弃物问题做过类似的研究；20世纪70年代中期到80年代末期，美国国家科学基金项目对玻璃、聚乙烯和聚氯乙烯等包装材料生产过程所产生的废物进行比较与分析，随后欧美的LCA发展到研究环境排放和资源消耗的潜在影响。20世纪80年代中期和90年代初发达国家实行环境报告制度，要求对产品的环境影响评价方法和数据有统一的标准，为规范LCA评价方法，美国环境毒物学与化学学会（SETAC）[1]以及美国环保局出版了LCA指导方针[2~4]，美国环保局发布了Keoleian提出的"利用过程模型跟踪物质和能量流动，并将所有这些物质和能量折算到一次能源消耗"的LCA设计框架[5]；北欧部长理事会也发表了类似的指导方针；国际标准化组织（ISO）出版了ISO14000系列生命周期评价准则标准，LCA标准包括生命周期分析的四个组成部分：ISO14040——环境管理，生命周期分析，原则和框架；ISO14041——生命周期清单分析；ISO14042——生命周期影响评价；ISO14043——解释。我国也颁布了部分与 ISO14000 系列对应的国家标准，表2-1列出了我国及 ISO 生命周期评价标准。

表2-1 我国及 ISO 生命周期评价标准

标 准 代 号	标 准 名 称
ISO14040—2006 GB/T 24040—2008	环境管理生命周期评价原则与框架
ISO14041—1998 GB/T 24041—2000	环境管理生命周期评价目的与范围的确定和清单分析
ISO14042—2000 GB/T 24042—2002	环境管理生命周期影响评价
ISO14043—2000 GB/T 24043—2002	环境管理生命周期评价生命周期解释
ISO14044—2006 GB/T 24044—2008	环境管理生命周期评价要求与指南
ISO14049—2000	环境管理生命周期评价 ISO 14041 应用示例
ISO14047—2003	环境管理生命周期评价 ISO 14042 应用示例

Saur[6] 和 Newell[7] 认为，生命周期分析可以为工程师、设计师和管理人员提供决策依据。进行 LCA 研究首先要确定研究的目标和范围：边界定义、评价指标、文献假定、研究限制和研究结果的质量保证等。上述研究目标和范围的不同将造成 LCA 分析结果的差别，在对比研究时要尽量采用一致的研究目标和范围，减少 LCA 分析结果差异。产品、材料、工艺等在 LCA 中使用的能量或原材料及排放的信息列表称为生命周期清单（LCI）。LCA 的清单分析是确定评估产品或工艺系统的投入和产出对人类健康或自然资源生态系统有潜在的影响[3]，汽车 LCA 集中在清单分析上。根据生命周期清单和影响分析，最后要定量或定性提出减少能量消耗和环境负担的改进方案。不过现在 LCA 评价并未完全按上述 LCA 指导框架执行，研究的对象多数是一次能源消耗和全球变暖潜势（GWP）或有毒物质的综合影响[8,9]。Hentges[10] 经过对美国汽车材料合作伙伴关系（USAMP）为

通用汽车进行 LCA 分析的主要方法和细节进行分析，认为像汽车这样复杂产品用 LCA 方法进行分析的难点是收集数据、数据质量的保证和数据分配。

2.2　燃料生命周期评价方法

燃料生命周期评价方法（Well-to-Wheel，WTW）始于 20 世纪 80 年代，主要用来分析氢能、生物燃料等新能源或替代能源以及不同车辆技术的能量消耗、温室气体及本地空气污染物排放。WTW 是边界范围相对较窄的一种特殊的生命周期评价方法，它不考虑车辆制造与燃料生产基础设施建设的能量消耗及对环境影响，主要分析燃料从原材料开采到车辆使用的若干环节中能量消耗及温室气体排放，特别适合评价车辆动力系统采用替代燃料的能量消耗和气体排放。Jesse Fleming 认为以柴油、汽油汽车为基准，用 WTW 方法对比分析生物能源制氢、天然气制氢、风电制氢等燃料电池汽车的能量消耗比较合理[11]。西方发达国家汽车消耗大量能源，对环境也造成很大影响。为了对各种车用燃料及车辆技术的能量消耗和环境影响进行全面评估，促进了 WTW 的研究与应用。

WTW 分析方法是 LCA 分析方法的一个子集，它仅侧重于对燃料在整个寿命期内进行评价。WTW 包括原油开采、运输、炼油（Well-to-Tank，WTT）到车辆使用（Tank-to-Wheel，TTW）等多个环节燃料的能量消耗和排放，WTW 的评价对象主要是内燃机汽车、电动汽车、燃料电池汽车、替代燃料汽车等[12~15]，其分析流程如图 2-1 所示。

图 2-1　燃料的 WTW 分析流程框图

WTT 的研究对象是车用燃料的上游即生产阶段，包括一次能源开采、一次能源运输、燃料生产、燃料运输、储存、分销以及燃料加注过程；TTW 的研究对象是车用燃料的下游即使用阶段，包括车辆发动机燃烧燃料时的燃料消耗和气体排放。图 2-2 是大豆柴油 WTW 阶段分析流程图[16]，从大豆生产到生物燃料运输是大豆柴油的 WTT（燃料的上游）阶段；车辆消耗生物燃料输出功率和产生排放是 TTW（燃料的下游）阶段，表 2-2 中数据是车辆单位输出功所对应的值。

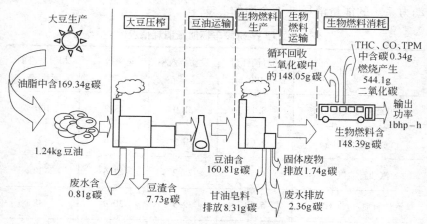

图 2-2　大豆柴油 WTW 分析排放流程框图

对比分析是车辆生命周期分析方法的一个重要特征[17~19]，为使分析具有可比性，分析的车辆应当具有相同的重量、大小、功率等参数，燃料和车辆必须是一个完整的系统。为使不同研究结果具有一定的可比性，一般都是将汽、柴油车作为基准来比较估计各种替代燃料汽车[20~22]的能量消耗和废气排放；如文献［23］即是对不同燃料（能源）和车辆技术的燃料消耗和汽油车进行对比分析的。麻省理工学院的 M. A. Weiss[19]认为理想的情况是所有对比车辆应当具有相同的性能参数，但实际分析中只有一部分参数基本相同，Hackney[24]也强调生命周期分析公平对比的原则。然而即使将车辆和燃料系统控制在可比的合理范围内，预测和对比非大规模生产的技术性能也是极其困难的，关键是较难考虑新替代燃料的基础设施建设和燃料供应因素，因此在这方面仍然有许多工作要做。

　　车辆在 TTW 阶段的能量消耗主要取决于车辆的燃油经济性水平，表2-2 列出了文献［23］进行 WTW 分析的基准汽油车和对比分析的其他车辆部分参数，不同车辆和燃料（能源）系统在 WTT 阶段和 TTW 阶段的能量消耗如图2-3 所示，可知不同的车辆能源燃料系统其 WTT 及 TTW 阶段的能量消耗不同，汽、柴油车及 CNG 车在 WTW 内主要的能量消耗产生于 TTW 阶段，而车载 H_2 燃料 FCV 的能量消耗主要产生于 WTT 阶段，可见仅在车辆运行阶段对比评价一种燃料动力系统的能量消耗是不全面的。

表2-2　TTW 阶段车辆能量消耗情况[23]

项　　目	燃料消耗量 /L·(100km)$^{-1}$	发动机效率 /%	车辆效率 /%	相对基准的变化/%
2002 年度汽油车	8.15	21.0	18.2	100
汽油-电动 HEV	5.61	30.5	28.6	−33
汽油直喷汽车	6.59	25.2	22.6	−20
汽油直喷-电动 HEV	5.19	32.9	30.9	−38
柴油车	6.16	28.5	25.5	−26
柴油-电动 HEV	5.18	34.8	32.6	−38
H_2 内燃机汽车	6.37	27.7	24.2	−23
H_2 内燃机汽车-电动 HEV	4.70	37.7	34.9	−45
H_2 燃料电池汽车	3.59	56.6	44.3	−59
H_2 燃料电池 HEV	3.31	55.6	48.9	−63
LH_2 燃料电池汽车	3.51	56.6	44.3	−60
LH_2 燃料电池 HEV	3.24	55.6	48.9	−64

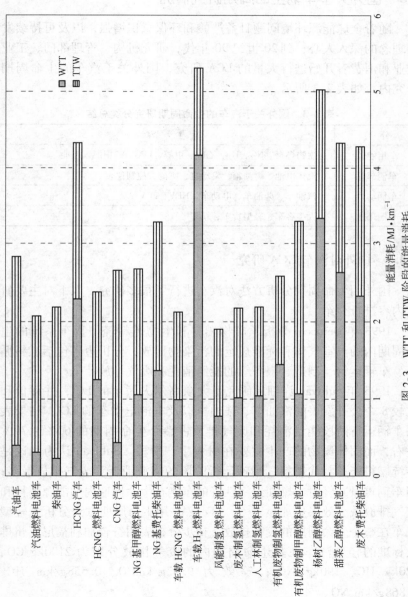

图 2-3 WTT 和 TTW 阶段的能量消耗

2.3 国外关于车辆生命周期研究情况

随着全球能源环境问题日益严峻和环保意识增强，以及可持续发展理念的深入人心，到20世纪90年代，研究机构、管理部门、工业企业和消费者开始进行大量的 LCA 研究，国外关于汽车的生命周期研究内容如表2-3所示。

表 2-3 国外关于汽车的生命周期研究分类总结

分 类	内 容
车用能源	生物燃料、NG、H_2、乙醇、甲醇、LPG、二甲醚、电能
车辆部件	汽车电池、燃油箱、发动机、座椅、控制仪表
车辆动力	汽油车、柴油车、电动车、HEV、FCV
车辆用途	大型客车、轻型货车、轿车

2.3.1 国外对汽车 LCA 研究

国外用生命周期分析方法对汽车进行了很多研究，以下对主要研究内容进行介绍。

1993 年 Delucchi 分析了矿物燃料和生物燃料轻型货车系统的生命周期内的温室气体和标准规定的污染物排放，分析边界包括燃料循环、车辆运营、制造、服务等的能源消耗和废气排放[25]。

1995 年 Sullivan 详细地研究了大众高尔夫轿车的 LCI，并评价和比较 8 个公开发表的汽油车、柴油车以及电池电动车的 LCI，结果表明车辆运行阶段能量消耗和废气排放占整个生命周期的 60% ~ 70% 左右，而固体废物的产生主要在材料生产阶段。Sullivan 认为无论是传统燃料还是替代燃料，车辆运行阶段的能源消耗和废气排放最多；当车辆重量减轻时，燃油经济性好的车辆在生命周期内的能源消耗和废气排放减少效果更加显著[26]。FengAn 用生命周期方法分析了轻型汽车在整个生命周期的废气排放，初步分析表明符合加利福尼亚州排放标准的轻型汽车在其生命周期内的废气排放分别为 2100kg CO、120kg HC、190kg NO_x；等效为 9.92g/kmCO、0.558g/km HC、0.868g/km NO_x[27]。

1997 年 Keoleian 对汽车生命周期评估方法做了很好的概括，论述了与汽车生命周期有关的环境负担，提出在政策和法规的规范下，通过技术改进和科学设计来减轻环境负担[28]。

1998 年 DOE 评估电动汽车相对汽油汽车的能量消耗和废气排放情况，其中电动汽车使用铅酸电池、镍铬电池、镍氢电池和钠硫电池，研究假定电动汽车可以进入轿车和货车市场的情况下分析了各地区各种市场占有率的电动汽车生命周期能量消耗和废气排放；分析表明汽油车比电动汽车单位里程能量消耗高出约 15% ~ 40%，电动汽车可减少 90% 的 VOC、CO 排放，减少 25% ~ 65% 的 CO_2 排放；同时也可减少 NO_x 排放，但具有很大的地区差异性；电动汽车会增加 PM 和 SO_x 排放；使用铅酸电池还会增加铅的排放；车辆生命周期分析表明电动汽车制造时会产生大量的标准排放污染物，特别是在电池的生产和回收阶段，生命周期内能量消耗和废气排放受不同地区发电所用能源的影响[29,30]。Kreucher 重点研究车辆生命周期内能源消耗、温室气体及标准污染物的排放，也包括车辆运营和燃料经济的评估，使用燃油消耗为 7.45L/(100km) 的福特 Escort 汽油车和公开的数据信息[31]。MacLean 研究了 1990 年福特 Taurus 轿车生命周期内车身、燃料循环、车辆使用对环境影响，通过对能量消耗的分析，与 Sullivan[26]（1995 年）和 Schweimer[32]（1996 年）研究结果进行了对比，由于 MacLean 比 Sullivan 和 Schweimer 分析的边界范围大，故其分析结果的能量消耗增加[33]。

2000 年奥托瓦兹公司（AVTOVAZ）从生态角度评估了 LADA 车在使用阶段对环境的影响；结果表明车辆整个生命周期消耗能量之 75% 发生在使用阶段，10% ~ 20% 发生在生产制造阶段，5% ~ 10% 发生在回收报废阶段；分析认为评估车辆生产的所有流程各个环节的能量消耗和温室气体排放对生态的影响具有很大的困难[34]。Gibson 研究认为，车辆轻量化在制造阶段对环境和能耗的影响在整个生命周期内具有重要的影响，与使用和报废阶段一样影响着替代材料和零件设计的决策[35]。Lave[17] 和 MacLean[18] 以 1998 年福特生产的 Taurus LE 无铅汽油轿车为基准，通过控制车辆样式、大小、级别、行驶区域、使用寿命、排放水平和乘坐舒适性等性能参数，假定替代燃料车辆大规模进入市场，且所有的燃料进行了优化组合并符合美国超低排放车辆（ULEV）标准，对使用替代燃料内燃机的汽车进行了模拟计算和生命周期分析，不过没有考虑车辆加速性能、乘坐空间和行李箱容积等。

2001 年 Delucchi 以燃油经济性为 6L/（100km）的汽油轿车为基准车辆，分析了美国轻型货车生命周期内废气和 CO_2、CH_4 和 N_2O、含碳氟化合物、碳氟化合物等温室气体排放[36]。Sullivan 分析了美国 1995 年度中型轿车在 26 年内更新 2～3 辆、每辆汽车的行驶里程为 18 万公里或 7～13 年，生命周期累积能量消耗（制造、使用、报废）为 1794～2381GJ，其中使用阶段能耗占总量的 87%。汽车的燃油经济性退化和制造年度相关，在开始前 3 年汽车燃油经济性提高，此后开始退化，故车辆的能量消耗是一个动态变化的过程[37]。

2002 年 Lave 对丰田花冠和 Prius 混合动力汽车在生命周期内的成本（购车、燃料、服务和维修）进行了对比分析，虽然建立的分析模型假定混合动力汽车（HEV）在性能和成本上有较大改善，分析认为从经济成本因素考虑，除非混合动力性能更有吸引力，否则不太可能获得较大的市场份额，混合动力车辆取代传统车辆有很大困难[38]。

2006 年 Pagerit 通过评估减轻车重对内燃机、混合动力、燃料电池等动力系统燃油经济性的主要影响因数，研究认为内燃机的燃油经济性比混合动力和燃料电池汽车对车重更加敏感；由于电动机在低速时能提供较大的扭矩从而使车辆产生较大的加速度，故电动汽车或混合动力汽车需求的比功率较小[39]。

2008 年 Jamie Ally 用生命周期方法分析了 3 辆氢燃料电池公共汽车能源消耗和对环境的影响，研究包括制氢的基础设施、客车制造、运行和报废处理，同时也对柴油、天然气交通运输系统进行了生命周期研究[40]。

2.3.2 国外对汽车部件的 LCA 研究

1997 年 Claudius Kaniut 通过对车辆小型零部件生命周期内的资源消耗和环境影响的研究分析，认为若在汽车研发的开始阶段即使用生命周期评价方法，可以有效地保护环境和节约成本[41]。同年 Saur 通过对车身不同设计方案案例分析，研究了生命周期所用数据的不确定性、误差估计和敏感性。为比较替代燃料车辆系统的能量消耗、温室气体和标准污染物排放[6]，1998 年 Steele 用生命周期方法对比分析了铅酸、镍镉、镍氢、钠硫四种电动汽车电池技术回收利用和废物处置阶段对环境的影响，由于不包括原材料生产和电池制造阶段，故不是一个完整的生命周期分析，研究表明镍氢电池对环境的影响最小，但这种电池不具备回收再生的设施和技术[42]。对汽车电池进行生命周期分析的还有文献 [43~45]。

至 2000 年梅赛德斯-奔驰和戴姆勒克莱斯勒公司开发应用生命周期工程（LCE）和生命周期分析（LCA）将近 10 年，经过对 2 辆完整车辆和 100 多个零部件的生命周期分析，积累了大量的相关数据和经验；分析认为 LCA 可有效支持新产品的开发；戴姆勒克莱斯勒的环境准则声明，其所有型谱的产品从设计到回收处理整个生命周期都采用了环保设计方法。除了汽车设计成本和性能之外，环境因素正变得越来越重要，美国"汽车材料合作伙伴"的生命周期评估专题为持续提高汽车的环境性能，找出一套合适的指标以标定普通汽车环境性能，作为评估和比较新车和未来车辆的环境性能的基础，开发了 1500kg 的普通汽车包括空气、水、固体废物等在内所有配套材料的能量输入和输出的生命周期清单，并对分析结果可信性进行了专门的分析。其主要方法是精确定义汽车的主要子系统、部件、零件，并且定义每个零件的质量、组成和材料类型，用平均值表征车辆每个零部件；为便于合成各个原始设备制造商（OEM）的数据，将汽车动力系统、悬挂、采暖空调、电器、车体、内饰等 6 个系统分类编码为 19 个子系统和一个用来表征诸如发动机油、变速箱齿轮油等液体的流体附加系统。通过编码分类将汽车的 2 万多个零部件归类为 644 个零部件模型及生产工艺。数据包括设计和工程规范、汽车分解数据、汽车工业材料的使用、汽车分解指导，以及其他特殊零部件的工业合成数据[46]。Kenneth 用生命周期评价方法评价了汽车铝部件生产过程的能源消耗和对环境的影响，分析显示汽车工业用铝具有减少温室气体排放的潜力[47]。Saur 研究了德国紧凑型汽车钢铁、铝、三注模共混聚合物挡泥板的能量消耗、废气排放、经济成本以及技术性能[48]。Gibson 用生命周期方法分析了用轻型材料取代传统材料制造汽车部件[35]。Levizzari 分析了薄钢板汽车零部件的生命周期成本和环境负担[49]。Gaines 分析了电动汽车锂离子电池生命周期费用，包括材料、加工、经营、回收成本等，但没有评估环境负担，电池材料占整个生命周期费用的主要部分[50]。

2000 年 Dhingra[51]、2006 年 Hiester[52]、2007 年 Johnson[53] 对 3XVs（汽车燃油经济性是当时汽车 3 倍以上）概念车使用新型轻质材料（钛、镁）进行生命周期分析，结果表明 3XVs 使用具有代表性的镁铝材料，其生产过程中会产生具有高温室气体排放因子的 SF_6、CF_4、C_2F_6，但 3XVs 在整个生命周期可以大量减少温室气体排放；若使用柴油发动机会增加 NO_x 和微粒排放，但通过前后处理技术可以达到法规要求；生命周期内 3XVs 车辆燃油消耗可减少 50%。

2.3.3　国外对汽车燃料 WTW 研究

对汽车这样复杂的产品用 LCA 方法进行分析，收集到所需的数据并保证所收集到数据的质量是困难的，WTW 是 LCA 的一个子集，分析时所需的数据量比 LCA 少，也比 LCA 易于确定分析边界；对比分析不同燃料或车辆系统，WTW 的研究结果具有可比性，故应用较广。以下对国外典型的 WTW 研究文献进行介绍。

1991 年 Delucchi 建立了不同交通运输车辆使用燃料的温室气体排放和能量消耗生命周期分析系统，包括从一次能源开采到车辆使用燃料多个环节的燃料循环以及车辆制造、维护、生物燃料所使用的土地、主要生产设备制造等环节；温室气体包括 CO_2、CO、CH_4、N_2O、NO_x 以及非甲烷总烃；评估的燃料和能源包括汽油、柴油、LNG、CNG、LPG、NG 制甲醇、煤制甲醇、纤维甲醇、谷物乙醇、纤维乙醇、核能制氢、太阳能制氢、各种能源发电；燃烧及蒸发泄漏产生的温室气体使用温室气体排放因子等效为当量的 CO_2 来计算；CO_2 是将燃料中的碳减去 CO、CH_4 中所包含的碳后用碳平衡法计算；能量消耗数据主要使用了 EIA 调查的能量消耗数据，不同燃料燃烧的排放因子采用 EPA1988 数据，该模型指定的汽油车的基准油耗是

7.8L/(100km)，其他替代燃料的燃油消耗是相对于汽油车。分析认为碳制取的燃料一般会增加生命周期的温室气体排放；NG 制取的燃料（甲醇、LNG、CNG）会适当减少温室气体排放；纤维生物基乙醇可大幅减少温室气体排放；谷物乙醇可减少温室气体排放，太阳能、核能发电或制氢可几乎全部消除温室气体排放[54]。该研究较为全面地研究了燃料生命周期能量消耗和温室气体排放，分析结果被广泛引用，Argonne 国家试验室 GREET1.0 模型即是以此为基础进行开发的。Delucchi 在 1991 年研究的基础上，根据 1997 年的数据资料更新了很多参数假设，引入了新的计算方法，分析了汽油车和电动车的燃油经济性；Delucchi 分析的特点主要是通过分析发动机效率、车辆总质量等内在参数来计算替代燃料能量消耗和废气排放的相对变化情况。

1992 年 Bentley 对电动车、燃料电池汽车及不同燃料的 ICEV 进行了 CO_2 排放分析，ICEV 燃料包括汽油、NG 制甲醇、CNG、NG 制氢、谷物乙醇等，Bentley 重点研究了车辆配置、动力系统、匹配效率等，通过分析车辆的空气阻力、滚动阻力、轻量化技术、电池技术，用模拟计算来分析车辆运行的燃油消耗率；而燃料 WTT 阶段的能量消耗和排放主要引用文献数据；车辆对象包括通勤车、家用车、小型货车。研究结果表明在燃料的生命周期内汽油和甲醇汽车产生同样的 CO_2 排放；CNG 和乙醇比汽油产生较少的 CO_2 排放；用 NG 发电的电动汽车和以 NG 制氢的 FCV 比天然气汽车 CO_2 排放少[55]。Brogan 和 Venkateswaran 分析了典型的不同技术水平中级轿车生命周期能量消耗和 CO_2 排放；计算时忽略了废气排放中 CO、HC 的碳含量，假设燃料中所有碳元素都转化为 CO_2 排放；只考虑了 WTT 阶段燃料生产过程中由于炼油而产生的 HC、CO、NO_x、SO_x 排放，忽略了燃料原料生产、分配、运输、储存过程中的废气排放情况；TTW 阶段的废气排放使用内燃机排放标准限值进行分析，分析结果表明使用汽油、甲醇、CNG、乙醇等燃料的 ICEV 其一次能源消耗大于 EV、HEV、FCV 等使用电力驱动的车辆[56]。Ecotraffic 评估了瑞典不同车用燃料生命周期内废气排放和一次能源消耗。废气排放包括 HC、CO、NO_x 等 3 种标准排放物和 6 种温室气体排放；车型包括轿车、中型货车、公共汽车；燃料包括汽油、柴油、LNG、CNG、NG 制甲醇、生物甲醇、谷物乙醇、菜籽油、太阳能制氢、NG 制氢、各种能源发电；汽油、柴油车废气排放直接采用试验室测试数据。分析结果表明，与石油燃料相比使用天然气可以减少 50% 的温室气体排放；使用柴油和菜籽油会产生大量的 NO_x 排放，由于瑞典使用水电和核电较多，电能生产过程的废气排放较低，使用 EVs 可大幅减少温室气体和标准污染物排放[57]。

1993 年美国国家可再生能源实验室 NREL（National Renewable Energy Laboratory）用生命周期分析方法对重整汽油（RFG）、E10（掺入 10% 乙醇的汽油）、E95（掺入 95% 乙醇的汽油）的排放物进行了研究和比较，结果表明生物乙醇 E95 能够降低 90% ~ 96% 的 CO_2 排量，NO_x、SO_2 和 PM 排放也可以大幅降低，但会增加 VOC 与 CO 的排放[58]。Wang 分析了美国 4 个城市不同行驶模式下电动汽车、汽油车的生命周期废气排放，分析表明使用 EV 可以减少 98% 的 HC、CO 排放；而 NO_x 排放的数量取决于电厂对 NO_x 排放的控制和电能供给 EV 的模式[59]。

1994 年 Darrow 对使用汽油、RFG、LPG、CNG、NG 基甲醇、NG 基 LPG、谷物乙醇以及电能（包括各种能源发电）的典型小货车进行了生命周期评价；分析使用的废气排放采用美国废气排放统计数据；分析结果表明使用 RFG、LPG 的内燃机 NO_x 排放较低；使用 E85、M85 的内燃机和煤电 EV 具有较高的 NO_x 排放；使用汽油、RFG、LPG、M85 的内燃机具有较低的 CO 和控制活性有机气体排放[60,61]。

1995 年 Edgar Furuholt 分析了汽、柴油的生命周期能源消耗与废气排放；由于原油的运输距离相差较大，生产设备及技术状况也不尽相同，分析结果与 1992 年的文献［57］及［62］相差 2 ~ 10 倍[63]。

1996 年 Acurex 进行了 RFG、清洁柴油等交通运输替代燃料的生命周期分析，研究表明使用 LNG、CNG、LPG、H_2 等燃料的车量产生的 CO_2 排放最少；使用甲醇、M85、E85、柴油等燃料的车辆次之；使用 CNG、LPG、电能、柴油等的车辆排放的 NO_x 最少，使用 E85、RFG 燃料的车辆次之，而使用甲醇、LNG 燃料的车辆 NO_x 排放最高,是汽油车的 5 倍左右;使用 LNG、H_2、柴油、甲醇燃料的车辆具有最低的 NMOG 排放,使用 E85 和 M85 燃料车辆的 NMHC 排放最低,汽油车的 NMHC 排放次之,使用 LPG 燃料车辆的 NMHC 排放最高[64]。

1997 年 Verbeek 对比了二甲醚与其他车用燃料生命周期能量消耗和温室气体排放,分析认为天然气制取的二甲醚在生命周期内能量利用效率与 LPG 和 CNG 相当,优于汽油和天然气制取的甲醇,但低于柴油的能量利用效率[65]。

1998 年 Walter 通过与汽油(从原油生产到成品油使用的每一个过程)的对比,评价了 7 种汽车燃料和能源(液化石油气、甲醇、天然气、纤维乙醇、玉米乙醇、电能、石油)的使用成本(经济性、循环效率、环境负担),由于醇类燃料有较高的辛烷值,85% 的甲醇或乙醇加上 15% 的汽油可具有与柴油相同的效率。研究认为:液化石油气(LPG)能源效率仅次于柴油,生成的 SO_2、NO_x、微粒等有害排放物最低,但 CO_2 排放最高,使用成本也高于汽油;醇类燃料 CO_2 排放低但 CO 和微粒排放较高;纤维类乙醇有较低的 CO_2、SO_2、NO_x,但 CO 和微粒排放较高,使用成本具有高度的不确定性;谷物乙醇 CO_2 排放低,其他排放较高,使用成本高,能源效率低;天然气比汽油有较低的 CO_2 及 SO_2、NO_x、CO、微粒排放,但成本比汽油、柴油均高;从天然气中提取甲醇,SO_2、CO 较低,但比汽油产生的 CO_2、NO_x、微粒排放高,使用成本也较高;电动汽车只有使用水电或核电时才可减少排放。美国农业部和能源部对城市公交车生物柴油燃料进行了生命周期能量消耗与废气排放研究,结果表明生物柴油比传统柴油可以减少 95% 的石油消耗和 70% 的矿物能源消耗;减少 CO_2、PM、CO、SO_2 排放分别为 78%、32%、35% 和 8%;但 NO_x 和 HC 排放会增加 13% 和 35%;HC 排量的增加部分主要是由生物柴油的制造过程所产生的[16]。而 Camobreco Vincent 研究表明生物柴油的经济成本高于传统柴油,优点是可以减少 CO_2 排放[66]。Ofner 对重型汽车柴油、天然气制取的甲醇、天然气制取的二甲醚、生物制取的甲醇、生物制取的二甲醚、CNG、LPG 燃料进行了生命周期分析,通过对这些燃料生命周期 CO_2 和车辆行驶阶段 NO_x 排放计算,结果表明与柴油相比，天然气制甲醇和二甲醚、CNG、LPG 在整个生命周期中 CO_2 排放基本相当，NO_x 排放显著降低；生物制甲醇和二甲醚 NO_x 排放相近[67]。

1999 年 Wang 系统比较和总结了研究电力和其他燃料车辆系统的文献 [29, 55, 56, 58~61, 64, 68, 69]，认为这些分析的详细程度、地理位置、条件假设和结果各不相同，其中 Delucchi 和 Acurex 在燃料技术方面的研究最全面，其他文献分析的燃料、车辆较少，但研究的边界更宽广，考虑的因素也更多；Wang 详细分析了煤、天然气、石油及其他非石化燃料生命周期的能量消耗和废气排放情况，研究包括了 100 多种燃料生产路线，75 种车辆和燃料系统[70]。Ogden 采用开发的车辆（包括车载燃料处理器）仿真模型来计算燃料电池汽车、PNGV、中型汽车的性能、燃油经济性和经济成本，分析的燃料包括氢气、甲醇和汽油，同时考虑了燃料生产、加注和车辆制造所需基础设施的建设过程[71]。

2000 年 Lave[17] 和 MacLean[18] 研究发现替代燃料车辆制造阶段的能量消耗和排放与车辆运行阶段相比同样所占比例很小，但对电动车和大型车辆在生命周期评价中应该考虑车辆制造。Malcolm A. Weiss 对汽油、柴油、天然气制取的费托柴油、甲醇、压缩天然气、氢以及电能等车用能源生命周期的能源消耗、温室气体排放及使用成本进行了评估，车辆动力系统包括汽油机、柴油机、内燃-电动混合动力、电力驱动、燃料电池等，研究认为传统汽油机通过持续技术改进可在目前水平下降低能源消耗与温室气体排放约 1/3，但会增加 5% 左右的使用成本；其他先进车辆技术最多可降低 50% 的温室气体排放，增加 20% 的使用成本；HEV 技术的能源消耗和排放是最少的，ICE-HEV 在能源消耗、温室气体排放和用户成本这三方面都比 FC-HEV 更有优势；如果需要在未来很长时间内降低温室气体排放，氢动力汽车和纯电动汽车将是唯一可行的两种配置，但所需要的电力必须来源于核能与太阳能等非石化能源[19]。

2001 年 GM 公司研究了 13 种燃料，发现基于原油和天然气的燃料中，使用混合动力技术的能量消耗较低，其中气态氢燃料电池混合动力的温室气体排放较低；柴油-电动混合动力的温室气体排放较高；

而天然气制取的甲醇质子交换膜燃料电池的混合动力与其他原油和天然气制取的燃料的 FC-HEV 相比，在能源消耗与温室气体排放方面均不占优势；天然气制取乙醇燃料的温室气体排放是最低的；电解制氢的能源消耗较低，温室气体排放则与汽油在同一水平[72~74]。

2002 年 Atrax Energi AB 公司用生命周期方法对比了汽油、柴油、天然气、乙醇、菜籽油甲酯 RME（Rapeseed Methyl Ester）、生物基二甲醚的能量消耗和温室气体排放，发现生物基二甲醚在生命周期的 PM 和 CO_2 排放具有显著优势，HC 和 NO_x 排放也处于较低水平[75]。Michael Wang 对比了费托柴油、柴油、超低硫柴油生命周期中的能源消耗和温室气体排放发现，由天然气制取费托柴油的能量消耗较高，若使用炼油厂燃炬气为原料，能源消耗可降至最低，温室气体排放会大幅降低[76]。R. M. Rudolf 分析了传统燃料和替换燃料的成本趋势，认为虽然甲醇、乙醇等燃料在 WTW 阶段具有低的 CO_2 排放，但整体的系统成本并不清楚，在中短期内将大量使用 LNG 替代燃料，而从长远考虑可再生替代燃料由于具有低的 CO_2 排放将在交通运输领域占有及其重要的地位；替代燃料的大规模使用依赖于燃料和车辆动力系统生产以及基础建设所需的成本；由于燃料电池汽车的高效率和低排放，得到广泛的研究和发展；对先进技术的车辆和燃料系统应进行完整的 WTW 评估以确定该车辆的能量消耗和废气体排放[77]。

2003 年 An Feng 对比了麻省理工学院、通用汽车公司等单位对汽油车、柴油车、油-电混合动力车、气-电混合动力车、电动汽车以及氢、汽油、甲醇燃料电池汽车进行的研究，研究表明因温室气体排放减少潜力和单位里程所消耗的燃料的数据差异，评价能源效益的结果有很大的差别；各种研究的差异有逻辑和系统的原因，需要进一步的研究来了解技术进步潜力，以缩小目前不确定性的范围[78]。

2004 年 P. R. Aymeric 用 WTW 方法比较了传统动力、混合动力、燃料电池等汽车技术的能量消耗和废气排放以及这些技术对 SUV 的影响[79]。Lariv Jean Francois 对多种燃料和动力系统的能源消耗、温室气体排放进行了评价，同时考虑了替代燃料的整体成本和市场潜力[81]。

2005 年 Jesse Fleming 认为生产氢能最有潜力的原料是生物能源，

氢燃料电池汽车可持续性发展的关键问题之一是氢气生产和汽车对氢气的使用效率；由于生物能源制氢不是商业化的生产，所以利用调查研究的生产和排放数据来推断商业化大规模生产的情况；不过由于原料假设、生产过程、车辆的差异，所以直接比较多种分析结果比较困难[80]。P. B. Sharer 对燃料电池汽车进行了 WTW 分析，用以确定其生命周期内温室气体的排放情况，并和其他燃料车辆技术进行比较，分析时燃料电池用氢是采用天然气（在短期内可能是成本最低的制氢方法）制取的；分析结果表明燃料电池和柴油发动机组成的混合动力汽车比其他类似的内燃机能实现更高的燃油经济性；同时认为可再生能源制氢是更加高效有利的制氢技术[82]。

2006 年 Ye Wu 用 WTW 方法评价了汽油、柴油、氢燃料，火花点火发动机混合动力、压燃式发动机混合动力、氢燃料电池等不同汽车燃料的能量消耗和废气排放情况；采用的评价指标是能量消耗、温室气体（CO_2、CH_4、N_2O）排放、典型空气污染物（VOC、NO_x、PM_{10}）等。因为参数的假设具有不确定性，故对 WTT 阶段和车辆运行阶段的能源效率、排放因子建立的概率分布函数进行随机模拟。用哈默斯利序列采样（HSS）技术来分析关键参数的概率分布，对给定的能量和废气排放产生统计意义的分布结果；分析表明先进车辆和燃料系统欲要减少能量消耗和温室气体排放、降低空气污染，应当改善车辆的燃料消耗，优化燃料生产途径[12]。

2007 年 Prieur Anne 根据欧洲联盟委员会制定的到 2020 年交通运输部门使用天然气能源占全部能源 10% 的规划，对天然气进行了 WTW 分析，主要研究 WTW 过程的不可再生能源、温室气体排放、环境污染物排放；并将天然气和传统燃料及其他替代燃料进行了对比；TTW 阶段研究对象是法国中级私家轿车。通过试验测量和模拟计算得到分析用的车辆废气排放数据；WTT 部分包括整个燃料供应链能量消耗和废气排放详细模型；并对分析结果进行了敏感性分析和不确定性评估；研究表明天然气燃料比汽油和柴油的废气排放低，天然气运输的能量消耗与不同燃料方案有较强的参数相关性；若 10% 的交通运输能量使用天然气，则法国在 2010 年将减少 4.5Mt 当量 CO_2 的温室气体排放；可以完成法国交通运输部门预期到 2010 年减少温室气体排放量目标的 30%[83]。Fleming Jesse Severs 通过量化能源使用、温室气体排放量和整体成本，用生命周期方法分析了轻型货车使用选定燃料的性能，研究认为若要成为规章和政策措施，需要进一步评估相关的原料供给、实用性、使用成本和用户的接受程度[11]。Akira Koyama 对生物柴油进行 LCA 分析，发现其性能和传统生物柴油相当[84]。

2008 年 Prieur Anne 对法国第一代生物燃料进行了 WTW 评估，根据现有生物燃料生产技术和设施，分析了生物燃料的温室气体排放；并对评估结果可能出现的变动进行了定量计算，同时考虑了地区因素（主要是在农业生产过程）对计算结果的影响，但并没有考虑土地使用变化因素导致的计算结果变化[13]。

以上文献表明，国外对车用燃料用 WTW 方法进行了非常广泛的研究，几乎涵盖了所有的车用燃料或能源；车辆系统主要是轿车，也有一些文献研究了轻型货车和大型车辆。

2.4 国内关于车辆生命周期研究状况

我国车用燃料生命周期研究于 1995 年由清华大学、福特汽车公司和麻省理工学院共同组织进行；以山西省和其他富煤地区为背景，以汽油作为参照基准，将各种煤基替代燃料与参照基准进行对比，以确定各种替代燃料在生命周期内的能量消耗和废气排放[85]。研究表明没有一种由煤炭制取的替代燃料在整个生命周期内各项指标皆优；由于我国电能生产主要是以煤炭热电为主，故电动汽车生命周期内的废气排放较高；报告认为必须全面评估各项因素对替代燃料的综合影响，经过综合分析和权衡利弊来制定适合我国能源情况的车用替代燃料。上海交通大学的胡志远通过研究认为，电动汽车比传统内燃机车辆在使用阶段产生的环境污染要少；由于我国目前电网以煤炭发电为主，电动汽车在整个生命周期内的环境污染甚至高于传统内燃机车辆[86]。胡志远通过对木薯乙醇汽油的生命周期分析，研究表明木薯乙醇汽油比石化汽油在整个生命周期过程中温室气体减少，但能源消耗、SO_x 与 NO_x 排放增加[87,88]。清华大学冯文对燃料电池氢能系统多种配置的环境效应、氢气总成本和总能量利用效率等指标进行生命周期评价，研究认为在现有的生产、储运和输送技术条件下，天然气蒸汽重整集中制氢，将氢气用管道运输到加氢站用储罐储存，然后加注给以氢气为燃料的燃料电池车为综合指标最优路线[89,90]。张亮对车用煤基二甲醚燃料生命周期的能量消耗、废气排放进行了研究，结果表明若将伴生的温室气体通过煤层气发电加以解决则该燃料在整个生命周期内 VOC、CO、NO_x、PM_{10}、SO_2排放均比传统柴油路线显著减少[91]。重庆大学的吴锐运用生命周期评价方法对压缩天然气及以天然气为原料制取的甲醇、二甲醚、柴油 4 种车用替代燃料系统进行了生命周期的能量消耗、环境影响和经济成本分析，研究认为压缩天然气燃料车辆系统生命周期内的能量消耗少，经济成本低，对生态环境不利影响少，因而在一段时期内是富含天然气地区车用替代燃料的优先选择[92]。面对我国汽车产业迅速扩张造成严重的能源供应和环境污染问题；为减少石油的使用和保护环境，我国一直探索开发使用替代燃料和较好的车用燃料动力系统，陈家昌[93]用 WTW 方法评估了替代燃料和汽车系统在我国使用发展的潜力，对比了替代燃料能量消耗、废气排放和可持续发展问题。以上分析说明我国车辆和燃料的生命周期评价方法也有一定的基础和发展，对不同的车辆系统和燃料不仅仅评价其 TTW 阶段能量消耗和废气排放，也应评价其从燃料生产到车辆使用整个 WTW 阶段，才能客观全面地对比分析各种车用燃料（能源）的优劣。

2.5 对我国车用燃料进行 WTW 分析的意义

国外对各种燃料的生命周期研究分析较为系统和全面，而我国起步较晚。已有的燃料生命周期评价研究表明，燃料的生命周期评价结果有地域性，对燃料的制备技术和车辆技术有很高的依赖性，在评价某种燃料时，必须考虑车辆燃料具体工艺和技术对结果的影响[94]。由于 LCA 研究的对象、边界、指标以及采用的文献和数据资料不同，分析结果有很大差异，An Feng 认为即使是用 WTW 分析两种类型的燃料电池汽车，其能量消耗和温室气体排放的分析结果也有很大的差异和不确定性[95]。Sullivan 研究所指出的由于不同的边界、数据质量以及研究假设，比较生命周期研究结果是非常困难的[37]，定义的范

围、技术、时间、地域、系统边界不同将使分析结果相差 2～10
倍[63]。我国车辆柴油燃料在整个生命周期中的能量消耗和气体排放
情况，没有进行过相关的研究，有必要采用我国的资料数据，根据我
国车辆技术和燃料系统的具体情况来进行分析。

参 考 文 献

[1] Fava J, Denison R, Jones B, et al. A Technical Framework for Life Cycle Assessment [R]. Washington, DC: Society of Environmental Toxicology and Chemistry, 1991.

[2] Keoleian G A, Menerey D. Life Cycle Design Guidance Manual: Environmental Requirements and the Product System [R]. Washington , DC: US Environmental Protection Agency EPA 600-R-92-46, 1993.

[3] Vigon B W, Tolle D A, Cornaby B W, et al. Life Cycle Assessment: Inventory Guidelines and Principles [R]. Washington, DC: US Environmental Protection Agency, 1993.

[4] Curran M A. Environmental Life- Cycle Assessmen [M]. New York: McGraw- Hill Book Company, 1996.

[5] Keoleian G A, Menerey D. Sustainable Development by Design: Review of Life Cycle Design and Related Approaches [J]. Journal of the Air & Waste Management Association, 1994, 44 (5): 645～668.

[6] Saur K, Finkbeiner M, Hoffmann R, et al. How to Handle Uncertainties and Assumptions in Interpreting LCA Results? [J]. SAE, 1998, 982210.

[7] Newell S. Life Cycle Analysis Methodology Incorporating Social Cost as a Valuation Metric [R]. Materials Systems Laboratory, Cambridge, MA: Massachusetts Institute of Technology, 1998.

[8] Lave L B, Cobas- Flores E, Hendrickson C T, et al. Using Input – Output Analysis to Estimate Economy- Wide Discharges [J]. Environmental Science & Technology, 1995, 29 (9): 420～426.

[9] Horvath A, Hendrickson C T, Lave L B, et al. Toxic Emission Indices for Green Design and Inventory [J]. Environmental Science & Technology, 1995, 29 (2): 86～90.

[10] Hentges S. Data Categories, Data Quality and Allocation Procedures [J]. SAE, 1998, 982162.

[11] Fleming J S, Stanciulescu V, Reilly-Roe P J. Policy Considerations Derived from Transportation Fuel Life Cycle Assessment [J]. SAE, 2007, 2007-01-1606.

[12] Wu Y, Wang M Q, Sharer P B, et al. Well-to-Wheels Results of Energy Use, Greenhouse Gas Emissions and Criteria Air Pollutant Emissions of Selected Vehicle/Fuel Systems [J]. SAE, 2006, 2006-01-0377.

[13] Papasavva S, Weber T, Cadle H S. Tank- to- Wheels Preliminary Assessment of Advanced Powertrain and Alternative Fuel Vehicles for China [J]. SAE, 2007, 2007-01-1609.

[14] Prieur A, Bouvart F, Gabrielle B, et al. Well to Wheels Analysis of Biofuels vs. Conventional Fossil Fuels: A Proposal for Greenhouse Gases and Energy Savings Accounting in the French Context [J]. SAE, 2008, 2008-01-0673.

[15] 申威, 张阿玲, 韩为建. 车用替代燃料能源消费和温室气体排放对比研究 [J]. 天然气工业, 2006, 26 (11): 148~152.

[16] Sheehan J, Camobreco V, Duffield J, et al. Life Cycle Inventory of Biodiesel and Petroleum Diesel for Use in an Urban Bus [R]. Golden, Colorado: U. S. Department of Agriculture and U. S. Department of Energy, 1998.

[17] Lave L, MacLean H, Hendrickson C, et al. Life-Cycle Analysis of Alternative Automobile Fuel/Propulsion Technologies [J]. Environmental Science & Technology, 2000, 34 (17): 3598~3605.

[18] MacLean H L, Lave L B. Environmental Implications of Alternative-Fueled Automobiles: Air Quality and Greenhouse Gas Tradeoffs [J]. Environmental Science & Technology, 2000, 34 (2): 225~231.

[19] Weiss M A, Heywood J B, Drake Elisabeth M E, et al. On the Road in 2020, A Life-Cycle Analysis of New Automobile Technologies [R]. Energy Laboratory, Massachusetts Institute of Technology, Cambridge, Massachusetts 02139-4307, 2000.

[20] Poulton M L. Alternative Fuels for Road Vehicles [M]. Southampton: Computational Mechanics Publication, 1994.

[21] Kreiger R B, Siewert R M, Gallopoulos N, et al. Diesel Rngines: One Option To Power Future Personal Transportation Vehicles [J]. SAE, 1997, 972683, 106 (3): 2082~2104.

[22] Brinkman N, Wang M, Weber T, et al. Well-to-Wheels Analysis of Advanced Fuel/Vehicle Systems — A North American Study of Energy Use, Greenhouse Gas Emissions, and Criteria Pollutant Emissions [R]. General Motors Corporation, Argonne National Laboratory, 2005.

[23] GM. Well-To-Wheel Analysis of Energy Use And Greenhouse Gas Emissions of Advanced Fuel/Vehicle Systems- A European Study [R]. Ottobrunn: General Motors Corporations Argonne national Laboratory BP ExxonMobil and shell, 2002.

[24] Hackney Jeremy, Neufville Rechard. Life Cycle Model of Alternative Fuel Vehicles: Emissions, Energy and Cost Trade-Offs [J]. Transportation Research Part A: Policy and Practice, 2001, 35 (3): 243~266.

[25] Deluchi M A. Emissions of Greenhouse Gases From the Use of Transportation Fuels and Electricity – Volume 2: Appendixes A-S [R]. ANL/ESD/TM-22, Center for Transportation Research, Argonne National Laboratory, 1993.

[26] Sullivan J L, Hu J. Life Cycle Energy for Analysis for Automobiles [C]. Warrendale, PA: Society of Automobile Engineers, 1995: 7~17.

[27] An F, Barth M, Ross M. Vehicle Total Life-Cycle Exhaust Emissions [J]. SAE, 1995, 951856.

[28] Keoleian, Gregory A, Menerey, et al. Industrial Ecology of the Automobile: A Life Cycle Perspective [M]. Warrendale, PA: Society of Automotive Engineers, 1997.

[29] Argonne National Laboratory, et al. Total Energy Cycle Assessment of Electric and Conventional Vehicles: an Energy and Environmental Analysis, Vol. 1 [R]. Washington, DC: U S Department of Energy, 1998.

[30] Argonne National Laboratory E. Total Energy Cycle Assessment of Electric and Conventional Vehicles: an Energy and Environmental Analysis, Vol. 2 [R]. U S Department of Energy, 1998.

[31] Kreucher W M. Economic, Environmental and Energy Lifecycle Inventory of Automotive Fuels [J]. SAE, 1998, 982218.

[32] Schweimer G W, Levin M. Life Cycle Inventory of a Golf A4 [R]. Wolfsburg, Germany: Volkswagen Konzernforschung, 1996.

[33] MacLean H L, Lave L B. A life Cycle Model of an Automobile [J]. Environmental Science & Technology, 1998, 32 (13): 322~330.

[34] Petrov R L. Application of Life Cycle Assessment Methodology for Comparative LaDa Automobiles [J]. SAE, 2000, 2000-01-1492.

[35] Gibson T L. Life Cycle Assessment of Advanced Aaterials for Automotive Applications [J]. SAE, 2000, 2000-01-1486.

[36] Delucchi Mark. A lifecycle Emissions Analysis: Urban Air Pollutants and Greenhouse-Gases from Petroleum, Natural Gas, LPG, and Other Fuels for Highway Vehicles, Forklifts, and Household Heating in the U. S. [J]. World Resource Review, 2001, 13 (1): 25~51.

[37] Sullivan J L, Cobas E. Full Vehicle LCAs: a Review [J]. Society of Automotive Engineers. Environmental Sustainability Conference, 2001, 2001-01-3725.

[38] Lave L B, MacLean H L. An Environmental - Economic Evaluation of Hybrid Electric Vehicles: Toyota's Prius vs. Its Conventional Internal Combustion Engine Corolla [J]. Transportation Research Part D: Transport and Environment, 2002, 7 (2): 155~162.

[39] Pagerit S, Sharer P B, Rousseau A. Fuel Economy Sensitivity to Vehicle Mass for Advanced Vehicle Powertrains [J]. SAE, 2006, 2006-01-0665.

[40] Ally J, Pryor T. Life Cycle Assessment of the Diesel, Natural Gas, and Hydrogen Bus Transportation Systems in Western Australia [R]. Murdoch University. The Government of Western Australia Department for Planning and Infrastructure, 2008.

[41] Kaniut C. Life Cycle Assessment of a Complete Car - The Mercedes-Benz Approach [J]. SAE, 1997, 971166.

[42] Steele N L C, Allen D T. An abridged life-cycle assessment of electric vehicle batteries [J]. Environmental Science & Technology, 1998, 32 (1): 40~46.

[43] Lave L B, Hendrickson C T, McMichael F C. Environmental Implications of Electric Cars

[J]. Science, 1995, 268 (5213): 993~995.

[44] Lave L B, Russell A, McMichael F, et al. Battery-Powered Vehicles: Ozone Reduction versus Lead Discharges [J]. Environmental Science and Technology, 1996, 30 (9): 402~407.

[45] Roqué J A. Electric Vehicle Manufacturing in Southern California: Local versus Regional Environmental Hazards [J]. Environment and Planning A, 1995, 27 (6): 907~932.

[46] Finkbeiner M, Binder M. Life Cycle Engineering as a Tool for design for Environment [J]. SAE, 2000, 2000-01-1491.

[47] Martchek K J, Pomper S D, Green J A. Credible Life Cycle Inventory Data for Studies of Automotive Aluminum [J]. SAE, 2000, 2000-01-1497.

[48] Saur K, Fava J A, Spatari S. Life Cycle Engineering Case Study: Automobile Fender Designs [J]. Environmental Progress, 2000, 19 (2): 72~82.

[49] Levizzari A. Life Cycle Costing as a New Tool Matching Economical and Environmental Evaluations: the Experience on a Real Case Study [J]. SAE, 2000, 2000-01-1466.

[50] Gaines L, Cuenca R. Costs of Lithium Ion Batteries for Vehicles [R]. Argonne, Lllinois: Center for Transportation Research, Argonne National Laboratory, 2000.

[51] Dhingra R, Das S, Overly J, Davis G A. A Life-Cycle-Based Environmental Evaluation : Materials in New Generation Vehicles [J]. SAE, 2000, 2000-01-0595.

[52] Hiester P, Lawson S, Sheffield D H, et al. Design and Development Process for the Equinox REV LSE E85 Hybrid Electric Vehicle [J]. SAE, 2006, 2006-01-0514.

[53] Johnson K M, Boyd S, Sheffield D H, et al. Vehicle Design Analysis and Validation for the Equinox REVLSE E85 Hybrid Electric Vehicle [J]. SAE, 2007, 2007-01-1066.

[54] Deluchi M A. Emissions of Greenhouse Gases from the Use of Transportation Fuels and Electricity - Volume 1: Main Text [R]. ANL/ESD/TM-22, Center for Transportation Research, Argonne National Laboratory, 1991.

[55] Bentley J M, Teagan P, Walls D, et al. The Impact of Electric Vehicles on CO_2 Emissions [R]. Cambridge : Arthur D. Little, Inc. , 1992.

[56] Brogan J, Venkateswaran S R. Diverse Choices for Electric and Hybrid Motor Vehicles: Implications for National Planners [Z]. Stockholm, Sweden: the Urban Electric Vehicle Conference, 1992.

[57] Brandberg A, Ekelund M, Johansson L. The Life of Fuels. Motor Fuels From Source to End Use [R]. Stocckholm: Ecotraffic Ab, 1992.

[58] Tyson K S, Riley C J, Humphreys K K. Fuel Cycle Evaluations of Biomass-Ethanol and Reformulated Gasoline. Volume 1 [R]. Golden: National Renewable Energy Laboratory, 1993.

[59] Wang M Q, Santini D J. Magnitude and Value of Electric Vehicle Emissions Reductions for Six Driving Cycles in Four US Cities with Varying Air Quality Problems [J]. Transportation

Research Record, 1993, 1416: 33~42.

[60] Darrow K G. Light-Duty Vehicle Fuel-Cycle Emission Analysis [R]. Energy International, Inc., 1994.

[61] Darrow K G. Comparison of Fuel-Cycle Emissions for Electric Vehicle and Ultra-Low Emissions Natural Gas Vehicle [R]. Bellevue, Wash: Energy International, Inc., 1994.

[62] Boustead L. Ecobalance oil refining [R]. Brussels: the European Centre for Plastics in the Environment (PWMI), 1992.

[63] Furuholt E. Life cycle assessment of gasoline and diesel. [J]. Resources, conservation and recycling, 1995, 14 (3, 4): 251~263.

[64] Unnasch S, Browning L, Montano M, et al. Evaluation of Fuel-Cycle Emissions on a Reactivity Basis, Volume 1 [R]. Californic: Acurex Environmental Corporation FR-96-114, 1996.

[65] Verbeek R P, Van Der Weide J. Global Assessment of Dimethyl-Ether: Comparison with Other Fuels [J]. SAE, 1997, 971607.

[66] Camobreco V J, Grabosk M S. Understanding the Life-Cycle Costs and Environmental Profile of Biodiesel and Petroleum Diesel Fuel [J]. SAE, 2000, 2000-01-1487.

[67] Ofner H, Gill D W. Dimethyl Ether as Fuel for CI Engine - a New Technology and Its Environmental Potential [J]. SAE, 1998, 981158.

[68] National Renewable Energy Laboratory, et al. A Comparative Analysis of the Environmental Outputs of Future Biomass-Ethanol Production Cycles and Crude Oil / Reformulated Gasoline Production Cycles, Appendixes, Prepared for U. S. [R]. Golden, Colo : Department of Energy, Office of Transportation Technologies and Office of Planning and Assessment, 1991.

[69] Delucchi M A. A Revised Model of Emissions of Greenhouse Gases from the Use of Transportation Fuels and Electricity [R]. University of California: Institute of Transportation Studies, 1997.

[70] Wang M Q. GREET1. 5-Transportantation Fuel-Cycle Model Volume 1: Methodology, Development, Use and Results [R]. Center for Transportation Research, Energy Systems Division, Argonne National Laboratory, 1999.

[71] Ogden J M, Steinbugler M M, Ereutzt T. A Comparison of Hydrogen, Methanol and Gasoline as Fuels for Fuel Cell Vehicles: Implications for Vehicle Design and Infrastructure Development [J]. Journal of Power Sources, 1999, 79 (2): 143~168.

[72] GM. Well-to-Wheel Energy Use and Greenhouse Gas Emissions of Advanced Fuel/Vehicle Systems - North American Analysis Volume 1 [R]. General Motors Corporations Argonne national Laboratory BP ExxonMobil and shell, 2001.

[73] GM. Well-to-Wheel Energy Use and Greenhouse Gas Emissions of Advanced Fuel/Vehicle Systems - North American Analysis Volume 2 [R]. General Motors Argonne national Laboratory BP ExxonMobil and shell, 2001.

[74] GM. Well-to-Wheel Energy Use and Greenhouse Gas Emissions of Advanced Fuel/Vehicle

Systems - North American Analysis Volume 3 ［R］. General Motors Argonne national Laboratory BP ExxonMobil and Shell, 2001.

［75］Nils Elam. The bio-DME Project. Swedish National Eneray Administration, 2002.

［76］Wang Michael. Assessment of Well-to-Wheels Energy Use and Greenhouse Gas Emissions of Fischer-Tropsch Diesel ［R］. Center for Transportation Research, Argonne National Laboratory, 2002.

［77］Maly R R. Impact of Future Fuels ［J］. SAE, 2002, 2002-21-0073.

［78］An F, Santin D J. Assessing Tank-To-Wheel Efficiencies of Advanced Technology Vehicles ［J］. SAE, 2003, 2003-01-0412.

［79］Rousseau A P, Ahluwalia R, Wang X, et al. Comparing Apples to Apples：Well-To-Wheel Analysis of Current Ice and Fuel Cell Vehicle Technologies ［J］. SAE, 2004, 2004-01-1015.

［80］Fleming J S, Habibi S, Maclean H L, et al. Evaluating the Sustainability of Producing Hydrogen From Biomass Through Well-To-Wheel Analyses ［J］. SAE, 2005, 2005-01-1552. Journal of Materials and Manufacturing, 114 (5)：729~745.

［81］Lariv J F, Edwards R, Mahieu V, et al. Well-To-Wheels Analysis of Future Automotive Fuels and Powertrains in the European Context ［J］. SAE, 2004, 2004-01-1924.

［82］Sharer P B, Rousseau A P, Pagerit S. Impact of Freedomcar Goals on Well-To-Wheel Analysis ［J］. SAE, 2005, 2005-01-0004.

［83］Prieur A. A Detailed Well to Wheel Analysis of CNG Compared to Diesel Oil and Gasoline for the French and the European Markets ［J］. SAE, 2007, 2007-01-0037.

［84］Koyama A, Iki H, Iguchi Y, et al. Vegetable Oil Hydrogenating Process for Automotive Fuel ［J］. SAE, 2007, 2007-01-2030.

［85］孙柏铭. 生命周期评价方法及在汽车代用燃料中的应用 ［J］. 现代化工, 1998, 18 (07)：34~39.

［86］胡志远, 浦耿强, 王成焘. 代用能源汽车生命周期评估 ［J］. 汽车研究与开发, 2002 (05)：49~53.

［87］胡志远, 张成, 浦耿强, 等. 木薯乙醇汽油生命周期能源、环境及经济性评价 ［J］. 内燃机工程, 2004, 25 (01)：13~16.

［88］胡志远, 浦耿强, 王成焘. 车用燃料乙醇的应用与发展 ［J］. 汽车科技, 2002, (04)：9~11.

［89］冯文, 王淑娟, 陈昌和, 等. 燃料电池汽车氢能系统的环境、经济和能源评价 ［J］. 太阳能学报, 2003, 24 (03)：394~407.

［90］冯文, 王淑娟, 倪维斗, 等. 燃料电池汽车氢源基础设施的生命周期评价 ［J］. 环境科学, 2003, 24 (03)：8~15.

［91］张亮. 车用燃料煤基二甲醚的生命周期能源消耗、环境排放与经济性研究 ［D］. 上海：上海交通大学, 2007.

[92] 吴锐，任玉珑，雍静，等. 4 种天然气基汽车燃料的生命周期 3E 评价 [J]. 系统工程理论与实践，2004（09）：114～120.

[93] Chen Jiachang, Guo Jiaqiang, Liang Jingjing. Development Strategy of Vehicle Fuels to Promote Energy Savings and Emission Reductions in China's Road Transportation Field [J]. SAE, 2008, 2008-01-0672.

[94] 张亮，黄震. 生命周期评价及天然气基车用替代燃料的选择 [J]. 汽车工程，2005，27（05）：553～556.

[95] An F, Santini D J, Anderson J A. Assessing and Modelling Direct Hydrogen and Gasoline Reforming Fuel Cell Vehicles and Their Cold-Start Performance [J]. SAE, 2003, 2003-01-2252.

第3章 车用燃料 WTW 能量消耗及排放分析

建立车辆燃料生命周期分析模型时，应当明确规定分析的区域、时限、燃料种类和车辆运行数量；根据车辆性能、大小、等级、寿命、比功率等选定基准车辆；为评价温室气体排放，应明确温室气体种类及全球变暖潜值；为评价燃料能量消耗，应明确车辆寿命及行驶工况。以下对车用柴油、CNG 及 HCNG 燃料 WTW 分析主要参数的边界条件及使用术语分别进行介绍。

3.1 车用燃料 WTW 分析燃料系统

进行车用燃料生命周期分析时常用一次能源来评价各个环节中的能量流动及转化。一次能源是诸如煤炭、石油、天然气、水力、核能、太阳能、生物质能、海洋能、风能、地热能等从自然界直接获得而不改变其基本形态的能源。我国 2002 ~ 2007 年一次能源的产量如表 3-1 所示，从表可知我国的一次能源消耗主要是原煤和原油。

表 3-1 一次能源的构成和产量[1,2]　　　（万吨标煤）

年 度	总 量	煤 炭	石 油	天然气	水核风电
2006	258676	183918.6	49924.47	7501.604	17331.29
2007	280508	199441.2	52735.50	9256.764	19074.54
2008	291448	204887.9	53334.98	10783.58	22441.5
2009	306647	215879.5	54889.81	11959.23	23918.47
2010	324939	220958.5	61738.41	14297.32	27944.75
2011	348002	238033.4	64728.37	17400.10	27840.16

所有以一次能源经加工转换得到的能源皆为二次能源，如热电、蒸汽、热水以及汽油、柴油、重油等石油和煤炭制品，生产过程中的收回能源、余热，如高温烟气、可燃气、蒸汽、热水、有压流体排放

等也属于二次能源。

　　燃料是指可将化学能或其他能量转化为功的能源产品，可以是一次能源或二次能源。工艺燃料是指在燃料生命周期中原料转化为燃料过程中所必需的、在工艺过程中所使用的燃料；而工艺能量是除原料能量之外，包含在工艺燃料中的能量，它直接或间接消耗在燃料生命周期中，一般是煤炭、原油、天然气等一次能源；原料能量是指包含在原材料中且直接终结于最终燃料产品中的能量；燃料产品是指从WTT阶段末端环节供给车辆运行的燃料，如加油站中销售的柴油、加气站销售的CNG等。

　　WTW分析以一次能源开采为起点，以车用燃料产生的能量消耗和排放为终点，可划分为燃料生产阶段和车辆运行阶段（燃料燃烧或其他能量转换），而燃料生产阶段又可细分为燃料原料生产、运输、储存环节；燃料生产、运输、储存、分销环节。一般将车辆运行之前的WTT阶段称为车用燃料生命周期上游阶段；将车辆运行时的TTW阶段称为生命周期下游阶段。

　　为便于在一个相对封闭的生命周期系统中计算车用燃料生命周期的能源消耗和气体排放，本书对车用柴油、天然气、掺氢天然气的WTW分析不考虑建设厂房、制造设备等其他因素的物质与能源消耗。

　　由于HCNG燃料作为一种新型的替代燃料，还处于发动机台架试验阶段，为了能够为将来大型客车上大量应用HCNG燃料提供参考方案，根据燃料生命周期WTT阶段的生产环节和当前的技术条件状况，将天然气燃料生产划定为5种生产路线，天然气制氢划定为12种生产路线，分别如表3-2、表3-3所示。通过分析不同燃料路线

表3-2　NG燃料WTT阶段生产路线

编号	NG生产流程
1	NG开采—管路运输—NG加气站压缩—销售
2	NG开采—液化—公路运输—NG加气站压缩—销售
3	NG开采—液化—铁路运输—NG加气站压缩—销售
4	NG开采—压缩—公路运输—NG加气站压缩—销售
5	NG开采—压缩—铁路运输—NG加气站压缩—销售

表 3-3　H₂ 燃料 WTT 阶段生产路线

编号	H₂ 生产流程
1	NG 开采—管路运输—分散制 H₂—气站压缩—销售
2	NG 开采—液化—公路运输—分散制 H₂—气站压缩—销售
3	NG 开采—液化—铁路运输—分散制 H₂—气站压缩—销售
4	NG 开采—压缩—公路运输—分散制 H₂—气站压缩—销售
5	NG 开采—压缩—铁路运输—分散制 H₂—气站压缩—销售
6	NG 开采—集中制 H₂—管路运输—气站压缩—销售
7	NG 开采—集中制 H₂—NG 发电液化—公路运输—气站压缩—销售
8	NG 开采—集中制 H₂—NG 发电液化—铁路运输—气站压缩—销售
9	NG 开采—集中制 H₂—电网电能液化—公路运输—气站压缩—销售
10	NG 开采—集中制 H₂—电网电能液化—铁路运输—气站压缩—销售
11	NG 开采—集中制 H₂—压缩—公路运输—气站压缩—销售
12	NG 开采—集中制 H₂—压缩—铁路运输—气站压缩—销售

所形成的 NG 及 HCNG 在 WTT 阶段的能量消耗和排放，选用较优的燃料路线与柴油燃料进行 WTW 对比分析。

3.2　车用燃料 WTW 分析车辆系统

本书分析的车辆系统是 2005 年度新出厂的装配柴油发动机符合欧Ⅲ排放标准的 9～12m 大型客车。在分析新产大型客车整体的燃料消耗量水平时，为保证燃料消耗量道路试验值有较好的稳定性和重复性，本书以 JT 711—2008《营运客车燃料消耗量限值及测量方法》所规定的方法进行综合燃料消耗量的试验及计算，对不同等级、不同车长的 95 辆新产大型客车进行燃料消耗量道路试验。95 辆新产大型客车的部分配置参数见附录 A，按车辆生产厂家保密要求，附录中去掉了车辆型号及其他与厂家有关的信息。

为对比分析柴油、天然气及掺氢天然气 3 种燃料生命周期能量消耗和排放，将燃用该 3 种燃料的发动机分别匹配于具有 2 种传动系统参数（Ⅰ、Ⅱ）的大型客车底盘上，进行燃料消耗量分析，大型客车参数见表 3-4。该大型客车的 2 种传动系统参数和不同发动机有多种动力匹配，可以根据实际使用工况选定一种较优的匹配方案。

表 3-4　车辆主要参数

参　数	数　值	参　数	数　值	
总高 H/mm	3620	车轮转动惯量 I_w/kg·m^2	48.9266	
总长 L/mm	12000	排放	国Ⅲ	
总宽 W/mm	2500	传动系	传动参数 Ⅰ	传动参数 Ⅱ
迎风面积 A/m^2	8.25	主减总成速比 i_0	5.143	4.875
整备质量/kg	13700	一挡速比 i_1	6.32	6.341
总质量/kg	18000	二挡速比 i_2	3.62	4.277
轴数	2	三挡速比 i_3	2.15	2.434
轮胎半径 r/mm	531	四挡速比 i_4	1.37	1.503
轮胎数	6	五挡速比 i_5	1.00	1.00
轮胎规格	295/80R22.5	六挡速比 i_6	0.81	0.684
花纹类型	HR266	倒挡速比 i_R	5.81	6.25

由于不同车辆排放水平存在差异，且同一车辆在不同的使用条件和工况下排放水平变化也很大，特别是排放控制装置在生命周期内会产生功能退化，使车辆排放情况恶化[3,4]，用实时动态的排放数据进行生命周期排放分析是非常困难的。

本书在进行排放分析时，CNG 及 HCNG 发动机的 CO、HC、NO_x 排放用台架试验测得。由于我国对使用压燃式发动机的新车从 2007 年 1 月 1 日起采用第Ⅲ阶段排放标准（GB17691—2005），对进行第Ⅲ阶段形式核准的传统柴油机，包括安装了燃料电喷系统、EGR 和（或）氧化型催化器的柴油机，均应采用 ESC 和 ELR 试验规程测定其排气污染物；对安装了先进的排气后处理装置包括 NO_x 催化器和（或）颗粒物捕集器的柴油机，附加 ETC 试验规程测定排气污染物；对于Ⅳ、Ⅴ阶段或 EEV 的形式核准试验，采用 ESC、ELR 和 ETC 试验规程测定其排气污染物；从第Ⅳ阶段开始新车型应装备 OBD 或 OBM，并增加排放控制装置的耐久性要求和在用车符合性的要求。基于我国车辆排放控制技术现状及水平，多数发动机调校标定以满足排放限值为目标，以免造成燃料消耗量的过度下降，故对全体大型客车柴油发动机的排放分析时，排放污染物种类及排放值按 GB17691—

2005 规定的排放限值（如表 3-5 所示）进行计算[5]。表中 PM 的限值不适用于第Ⅲ、Ⅳ和Ⅴ阶段的燃气发动机，CH_4 的限值仅针对 NG 发动机，在 ETC 试验中可以选择测量总碳氢化合物质量代替测量非甲烷碳氢化合物的质量，并采用相同质量限值。

表 3-5 ESC 和 ETC 试验限值[5] [g/(kW·h)]

阶段	CO		NO$_x$		PM		CH$_4$	HC	NMHC
	ESC	ETC	ESC	ETC	ESC	ETC	ETC	ESC	ETC
Ⅲ	2.1	5.45	5.0	5.0	0.10	0.16	1.6	0.66	0.78
Ⅳ	1.5	4.0	3.5	3.5	0.02	0.03	1.1	0.46	0.55
Ⅴ	1.5	4.0	2.0	2.0	0.02	0.03	1.1	0.46	0.55
EEV	1.5	3.0	2.0	2.0	0.02	0.02	0.65	0.25	0.40

3.3 车辆和燃料系统组合

对使用柴油燃料的大型客车燃油消耗量进行道路试验，建立了容量为 95 的统计样本，用以分析其母体的能量消耗和排放；通过将天然气或掺氢天然气发动机匹配在一辆试验用大型客车上，模拟计算其燃料消耗量，然后进行天然气及掺氢天然气 WTW 分析，并与试验用大型客车柴油 WTW 分析结果进行对比。为保证大型客车燃料消耗量模拟计算的精度，对匹配柴油发动机的试验用大型客车进行燃油消耗量道路试验和模拟计算对比，建立二者之间的经验关系式，然后用该式对试验用大型客车模拟计算的天然气及掺氢天然气消耗量进行修正，以减小模拟计算的误差。

燃用柴油、天然气及掺氢天然气燃料的试验大型客车可选的 10 种匹配方案如表 3-6 所示，表中传动参数（Ⅰ、Ⅱ）见表 3-4。本书分析的 10 种大型客车匹配方案与燃料路线组合，形成大型客车燃料生命周期分析模型，比如表 3-6 中 2 种 NG 车辆匹配方案（方案 7、8）和 5 种燃料路线（见表 3-2）可有 5×2＝10 种组合；而 HCNG 燃料有 12 种 H_2 燃料路线（见表 3-3）和 5 种 NG 燃料路线以及 2 种车辆传动系参数配置（见表 3-6 中方案 9、10），共有 12×5×2＝120 种组合。实际分析时不需要对所有组合进行计算，只需将 WTT 阶段最佳的燃料路线与 WTT 阶段最佳的车辆匹配方案进行组合即可。

表 3-6 柴油、天然气及掺氢天然气发动机与大型客车传动参数匹配方案

编号	动 力 系 统	传 动 参 数
1	电喷柴油发动机 (198 kW)	I
2	电喷柴油发动机 (198 kW)	II
3	电喷柴油发动机 (251 kW)	I
4	电喷柴油发动机 (251 kW)	II
5	电喷柴油发动机 (280 kW)	I
6	电喷柴油发动机 (280 kW)	II
7	增压中冷电控喷射发动机 (CNG)	I
8	增压中冷电控喷射发动机 (CNG)	II
9	增压中冷电控喷射发动机 (HCNG)	I
10	增压中冷电控喷射发动机 (HCNG)	II

3.4 车用燃料 WTW 系统参数确定

3.4.1 车用燃料 WTW 分析流程

进行车用燃料生命周期分析时，能量的消耗主要是考虑原油、天然气、煤炭等一次能源；排放主要是 CH_4、N_2O 和 CO_2 温室气体，以及 VOC、CO、NO_x、PM 和 SO_2。分析时只计入了车用燃料生命周期上游阶段生成的 N_2O 排放，不考虑车辆运行阶段的 N_2O 排放问题。柴油、天然气及氢燃料生命周期评价流程图分别如图 3-1 ~ 图 3-3 所示，图中 WTT 阶段原料生产、处理、运输等环节皆可能有能量消耗和排放产生，故应将 TTW 阶段及 WTT 阶段各环节的能量消耗和排放都计入到 WTW 分析结果中。

3.4.2 车用燃料 WTW 分析评价指标及单位

在车用燃料生命周期体系中，对比分析几种燃料的生命周期能量消耗和排放时，评价指标和单位可以定义在整个 WTW 阶段，也可在 WTT 和 TTW 阶段分别定义。能量消耗的评价指标定义为输出单位能

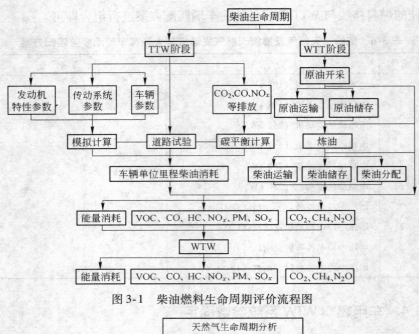

图 3-1 柴油燃料生命周期评价流程图

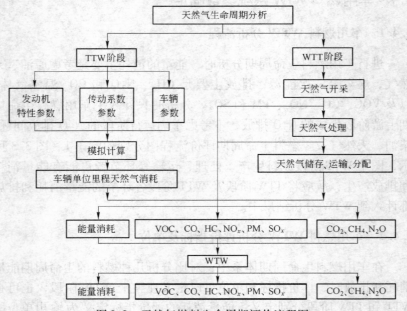

图 3-2 天然气燃料生命周期评价流程图

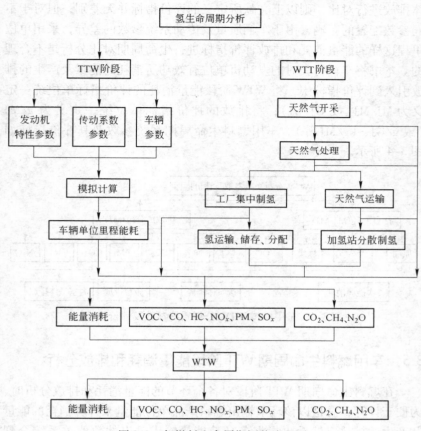

图 3-3　氢燃料生命周期评价流程图

量所需的输入能量，排放的评价指标定义为输出单位能量产生的排放量。文献 [6] 将 WTT 阶段能量消耗的评价指标单位定义为 MJ/MJ，TTW 阶段定义为 MJ/(kW·h)；将 WTT 阶段气体排放的评价指标单位定义为 g/MJ，TTW 阶段定义为 g/(kW·h)。文献 [7] 将排放的评价指标单位定义为 g/MJ 燃料。文献 [8] 将 WTT 阶段能量消耗的评价指标单位定义为 GJ/GJ，TTW 阶段定义为 GJ/(100km)；将 WTT阶段气体排放的评价指标单位定义为 g/GJ，TTW 阶段定义为 g/(100km)。若以相同的车辆配置对不同燃料的生命周期能量消耗和气体排放进行对比，则以上文献所定义的评价指标并无差别；但对于不同参数配置的车辆，由于车辆质量及传动系统参数的差异，采用单位里程这样的能量消耗和排放评价指标进行生命周期对比分析是不合理的。本书将车辆行驶时的发动机单位有效功所消耗的能量及产生的排放引入到评价指标中，将 WTW 阶段能量消耗的评价指标单位统一定义为 MJ/MJ（或 GJ/GJ）；将排放的评价指标单位统一定义为 g/MJ（或 g/GJ、kg/MJ 等）。车用燃料生命周期系统参数及其评价指标如图 3-4 所示。

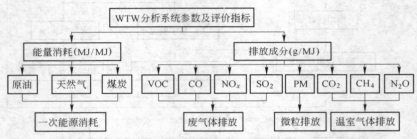

图 3-4 车用燃料 WTW 分析系统参数及评价指标

3.5 车用燃料生命周期 WTT 阶段能量消耗和排放分析

在燃料生命周期 WTT 阶段对各个环节的能量消耗和排放分析时，为便于计算，总是以该环节输出燃料产品单位能量来计算消耗的能量和产生的排放，然后再根据各环节能量输入输出的数值关系综合到 WTT 阶段终端环节输出燃料产品单位能量总的能量消耗和排放，故应先对燃料生命周期在 WTT 阶段各个环节分别进行计算。设 WTT 阶段其中的一个环节为 x，则该环节的能源转换消耗过程如图 3-5 所示。图中从能量分析，一部分是输入的原料能量通过能源转化装置转化为 x 环节的输出，还有一部分是工艺能量，有些环节（如运输环节）的原料能量不一定通过能源转化装置，若没有原料能量损失则该环节输入的原料能量等于输出的原料能量；从排放分析，按照不同的排放生成方式可以划分为非燃烧排放和工艺燃料的燃烧排放，如 NG 开采时的通风排放和逸散排放即为非燃烧排放，而柴油、煤炭等工艺燃料用于发动机、锅炉时产生的排放为燃烧排放。

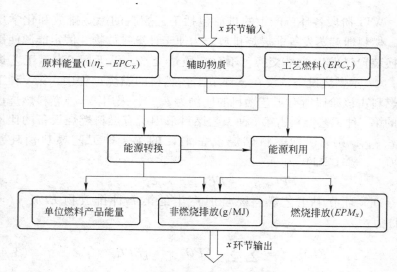

图 3-5 燃料生命周期 WTT 阶段 x 环节流程图

3.5.1 WTT 阶段各环节能量消耗

在原料生产、运输、储存，燃料生产、运输、储存、分销等环节中会有能量消耗。对给定的上游 x 环节，用 i（$i=1$，…，M）表示 M 种工艺燃料（如 NG、煤炭、柴油、电能等），j（$j=1$，…，N）表示 N 种工艺燃料燃烧设备（指各种锅炉、内燃机等），k（$k=1$，…，S）表示 S 种排放物（分别为 VOC、CO、NO_x、PM、SO_x、CH_4、N_2O、CO_2）。若 WTT 阶段 x 环节的能源效率 η_x 为

$$\eta_x = \frac{能量输出}{能量输入} \tag{3-1}$$

则 x 环节消耗的工艺能量 EPC_x（MJ/MJ）为该环节输出单位能量所需的输入能量和输出能量之差，即

$$EPC_x = \frac{1}{\eta_x} - 1 \tag{3-2}$$

3.5.2 WTT 阶段各环节排放分析

WTT 阶段各环节产生的排放包括工艺燃料的燃烧排放和化学反应、燃料泄漏蒸发等非燃烧排放。为便于计算排放物，假定能源使用转换装置仅发生能量交换，不存在质量交换。以下标 f 表示工艺燃料，t 表示燃烧设备，设在 x 环节工艺燃料的燃烧过程中，第 i 种工艺燃料占该阶段所有工艺燃料的比例为 $\xi_{x,f,i}$；采用第 j 种燃料燃烧设备的第 i 种工艺燃料占第 i 种工艺燃料采用所有燃料燃烧设备的比例为 $\xi_{x,t,i,j}$，则第 j 种燃料燃烧设备消耗的第 i 种工艺燃料消耗量 $EPC_{x,i,j}$（MJ/MJ）为

$$EPC_{x,i,j} = EPC_x \xi_{x,f,i} \xi_{x,t,i,j} \tag{3-3}$$

在 x 环节中工艺燃料燃烧时产生的第 k 种排放物 $EPM_{x,k}$（g/MJ）为

$$EPM_{x,k} = \sum_i^M \sum_j^N (EPQ_{x,i,j,k} EPC_{x,i,j}) \tag{3-4}$$

式中，$EPQ_{x,i,j,k}$ 为 x 环节第 i 种工艺燃料采用第 j 种燃料燃烧设备时第 k 种排放物排放因子，g/MJ。

燃烧产生的 CO_2 排放因子（g/MJ）采用碳平衡法计算，燃料中的碳含量减去 VOC、CO、THC 等燃烧产物中的碳含量后，假定所剩碳全部转化为 CO_2，则在 x 环节中第 i 种工艺燃料采用第 j 种燃料燃烧设备时产生的 CO_2 排放 EPM_{x,i,j,CO_2}（g/MJ）为

$$EPM_{x,i,j,CO_2} = \left(\frac{1000 r_{c,i}}{LHV_i} - \frac{12 EPM_{x,i,j,CO}}{28} - \frac{12 EPM_{x,i,j,THC}}{16} - \right.$$
$$\left. r_{c,VOC} EPM_{x,i,j,VOC} \right) \times \frac{44 EPC_x \xi_{x,f,i} \xi_{x,t,i,j}}{12} \tag{3-5}$$

式中，$r_{c,i}$、LHV_i 分别为第 i 种工艺燃料中碳的质量比、低热值（MJ/kg）；$EPM_{x,i,j,CO}$、$EPM_{x,i,j,THC}$、$EPM_{x,i,j,VOC}$ 分别为 x 环节中第 i 种工艺燃料用第 j 种燃烧设备燃烧时产生的 CO、HC、VOC 排放，g/MJ；$r_{c,VOC}$ 为 VOC 排放中平均碳质量比，为 85%[9]。

计算柴油、NG、LNG、LPG 燃烧生产的 SO_x 排放因子时，假定燃料所含的硫都转化成 SO_2[10]，即第 i 种工艺燃料的 SO_x 排放

$EPM_{x,i,SO_2}(g/MJ)$ 为

$$EPM_{x,\ i,\ SO_2} = \frac{64}{32} \times \frac{1000EPC_x\xi_{x,\ f,\ i}r_{s,\ i}}{LHV_i} \tag{3-6}$$

式中，$r_{s,i}$ 为第 i 种工艺燃料中硫的质量比；i 此处可为柴油、NG、LNG、LPG 等。

在 x 环节中产生的 CO_2 排放 EPM_{x,CO_2} (g/MJ) 为

$$EPM_{x,\ CO_2} = \sum_i \sum_j EPM_{x,\ i,\ j,\ CO_2} \tag{3-7}$$

在 x 环节中产生的 SO_2 排放 EPM_{x,SO_2} (g/MJ) 为

$$EPM_{x,\ SO_2} = \sum_i EPM_{x,\ i,\ SO_2} \tag{3-8}$$

在 x 环节中记入工艺燃料在生产、处理、分销整个生命周期过程中的排放以及工艺燃料燃烧过程，则该阶段 k 排放 $EM_{x,k}(g/MJ)$ 可表示为

$$EM_{x,\ k} = \sum_i^M (EPM_{x,\ i,\ k} + EPF_{i,\ k})EPC_{x,\ i} \tag{3-9}$$

式中，$EPM_{x,i,k}$ 为 x 环节中工艺燃料 i 燃烧产生的 k 排放，g/MJ；$EPF_{i,k}$ 为工艺燃料 i 生产、处理、分销等生命周期过程中产生的 k 排放，g/MJ；$EPC_{x,i}$ 为燃料 i 的能量消耗，MJ/MJ。

非燃烧排放有多种产生机理，在液体原料的运输、储存环节及燃料的运输、储存、分配环节会产生 VOC 蒸发排放、燃料和原料的泄漏排放；气体原料和燃料主要是泄漏形成的排放；石油基燃料主要是油田的天然气燃炬排放和炼油厂的排放；天然气处理及制氢过程气体泄漏时产生 CH_4 排放；煤炭发电产生的排放主要是开采煤炭时的 CH_4 排放及煤炭处理过程的非燃烧排放。

3.5.3 WTT 阶段能量消耗和排放分析

由于在燃料循环的各个环节中存在着能量损失和消耗，假设在 WTT 阶段包含 x $(x = 1, \cdots, n)$ 个环节，则该阶段燃料生产的能源转化效率 η_{WTT} 为

$$\eta_{WTT} = \prod \eta_x \tag{3-10}$$

式中，x 为在 WTT 阶段的第 x 个环节，燃料运输分配是第 1 个环节，然后依次上推到燃料的开采为第 n 个环节。如 NG 路线 2（见表 3-2）包括 NG 开采、液化、公路运输、NG 加气站压缩分配 4 个环节，则 $n=4$，且 NG 开采、液化、公路运输、NG 加气站压缩分配分别为第 4、3、2、1 环节；又如 H_2 路线 7（见表 3-3）包括 NG 开采、工厂集中制 H_2、NG 发电液化、公路运输、加 H_2 站压缩分配 5 个环节，则 $n=5$，且 NG 开采、工厂集中制 H_2、NG 发电液化、公路运输、加 H_2 站压缩分配分别为第 5、4、3、2、1 环节。

在 WTT 阶段每生产单位能量的燃料产品，x 环节能量消耗 $EC_{WTT,x}$ 为

$$EC_{WTT,\,x} = \prod_{i=1}^{x}(EC_i + 1) - 1 \tag{3-11}$$

式中，EC_i 为 WTT 阶段 x 环节能量消耗，MJ/MJ。

以柴油为例说明上式的计算方法，在柴油燃料 WTT 阶段忽略柴油销售分配环节的能量消耗和排放，共有原油开采、原油运输、柴油提炼、柴油运输 4 个环节，各环节的能量消耗分别对应于 EC_4、EC_3、EC_2、EC_1，柴油运输环节每运输 1MJ 的柴油，需消耗 EC_1 MJ 的能量，则该环节输入的能量为 $(1+EC_1)$ MJ，同理在柴油提炼环节每提炼 1MJ 的柴油，需消耗 EC_2 MJ 的能量，从柴油运输环节输出 1MJ 柴油计算，则柴油提炼环节需输出 $(1+EC_1)$ MJ 的柴油，需输入 $(1+EC_1)(1+EC_2)$ MJ 的原油。

在 WTT 阶段每生产单位能量的燃料产品，在 x 环节 k 排放 $EM_{WTT,x,k}$(g/MJ) 为[11]

$$EM_{WTT,\,x,\,k} = EPM_{x,\,k}(EC_{WTT,\,x} + 1) \tag{3-12}$$

式中，下标 k 可以是包括 SO_x、CO_2 在内的各种排放物。

3.6 车用燃料生命周期 TTW 阶段能量消耗和排放分析

设车辆的燃油消耗量为 $Q_F [L/(100km)]$，行驶阻力功率为 $P_r(kW)$，则车辆运行阶段单位能量输出的能量消耗 EC_{TTW}(MJ/MJ) 为

$$EC_{TTW} = \frac{Q_F \rho_F LHV v}{100 P_r} \qquad (3\text{-}13)$$

式中，ρ_F 为燃油密度，kg/L；v 为车速，m/s；LHV 为燃料低热值，MJ/kg。

在 TTW 阶段则车辆运行的 CO_2 排放（g/MJ）为

$$EM_{TTW, CO_2} = \frac{44000}{12LHV} \left[r_{c, F} - \frac{P_r}{36 Q_F \rho_F v \eta_T} \left(\frac{12 w_{CO}}{28} + \frac{12 w_{THC}}{16} \right) \right]$$

$$(3\text{-}14)$$

式中，$r_{c,F}$ 为燃料中碳的质量比；w_{CO}、w_{THC} 分别为车辆运行时生成的 $CO[g/(kW \cdot h)]$、$HC[g/(kW \cdot h)]$；η_T 为传动系统效率，一般为 0.9。

3.7 温室气体分析

温室气体指联合国气候变化跨国组织 IPCC 和京都议定书规定的 3 种主要温室气体 CO_2、CH_4、N_2O，根据其对全球变暖潜力值（Global Warming Potential，GWP）等效为温室气体，见表 3-7[12]，温室气体用等效 CO_2 排放单位 g/MJ。

表 3-7 温室气体全球变暖潜力值

排 放	时 间 范 围		
	20 年	100 年	500 年
CO_2	1	1	1
CH_4	72	25	7.6
N_2O	310	298	153

参 考 文 献

[1] 国家统计局工业交通统计司. 中国能源统计年鉴 2006 [Z]. 北京：中国统计出版社，2007.

[2] 国家统计局工业交通统计司. 中国统计年鉴 2008 [Z]. 北京：中国统计出版社，2008.

[3] Darrow K G. Light- Duty Vehicle Fuel- Cycle Emission Analysis [R]. Energy International，

Inc. , 1994.

［4］Darrow K G. Comparison of Fuel-Cycle Emissions for Electric Vehicle and Ultra-Low Emissions Natural Gas Vehicle ［R］. Bellevue, Wash: Energy International, Inc. , 1994.

［5］GB 17691—2005. 车用压燃式、气体燃料点燃式发动机与汽车排气污染物排放限值及测量方法（中国Ⅲ、Ⅳ、Ⅴ阶段）［S］. 北京：中国环境科学出版社，2005.

［6］Sheehan J, Camobreco V, Duffield J, et al. Life Cycle Inventory of Biodiesel and Petroleum Diesel for Use in an Urban Bus ［R］. Golden, Colorado: U. S. Department of Agriculture and U. S. Department of Energy, 1998.

［7］Maclean L H, Lave L B. Evaluating Automobile Fuel/Propulsion System Technologies ［J］. Progress in Energy and Combustion Science, 2003, 29 (1): 1~69.

［8］张亮. 车用燃料煤基二甲醚的生命周期能源消耗、环境排放与经济性研究 ［D］. 上海：上海交通大学，2007.

［9］Wang M Q. GREET1. 5-Transportantation Fuel-Cycle Model Volume 1: Methodology, Development, Use and Results ［R］. Center for Transportation Research, Energy Systems Division, Argonne National Laboratory, 1999.

［10］张亮，黄震. 生命周期评价及天然气基车用替代燃料的选择 ［J］. 汽车工程，2005，27 (05): 553~556.

［11］Delucchi M A. A Revised Model of Emissions of Greenhouse Gases from the Use of Transportation Fuels and Electricity ［R］. University of California: Institute of Transportation Studies, 1997.

［12］Barker L, Dave R, Halsnæs K, et al. Climate Change 2007: Technical Summary ［R］. Contribution of Working Group Ⅲ to the Fourth Assessment Report of the Intergovermental Panel on Climate Change, 2007.

第4章 柴油燃料 WTT 阶段能量耗量和排放分析

在车辆的 WTW 分析中，燃料生产过程的各个环节均由于工艺燃料的使用和蒸发泄漏而存在能量消耗和排放。本章将讨论柴油燃料 WTT 阶段各环节所产生的能源消耗及排放，柴油生命周期评价流程见图 3-1。

4.1 车用燃料 WTT 阶段分析主要参数及常用数据

在原料和燃料的生产、运输、储存阶段以及燃料的分销阶段，将会使用到原煤、原油、天然气、燃料油、柴油、电力等，在进行 WTW 分析前，首先确定一些计算分析所需的主要参数，比如能源的物性参数和能源使用装置的能量消耗及排放因子。常用燃料物性参数如表 4-1 所示，天然气参数来自文献 [1]，其余参数来自文献 [2，3]。

表 4-1 主要燃料的物性参数[1~5]

燃料名称	密度 /g·L^{-1}	低热值		含 C 率		含 S 率	
		MJ·kg^{-1}	MJ·L^{-1}	质量分数 /%	g·MJ^{-1}	质量分数 /%	g·GJ^{-1}
原油	846.7	42.7	36.1	85.3	19.9	1.6	374.7
柴油	836.7	42.5	35.8	86.58	20.4	200×10^{-4}	4.7
非道路发动机柴油	836.7	42.8	35.8	86.5	20.2	163×10^{-4}	3.81
低硫柴油	847.0	42.6	36.1	87.1	20.4	11×10^{-4}	0.3
汽油	744.7	43.4	32.4	86.64	19.9	26×10^{-4}	0.6
燃料油	991.2	39.5	39.1	86.8	21.9	0.5	126.6
甲醇	794.1	20.1	15.9	37.50	18.7	0	0
乙醇	789.4	26.9	21.3	52.20	19.4	0.625×10^{-4}	0.0232
船用燃油	991.2	39.5	39.1	86.8	21.9	2.8	708.9
液氢	70.8	120.1	8.5	—	—	—	—

燃 料 名 称	密度 /g·L⁻¹	低热值		含 C 率		含 S 率	
		MJ·kg⁻¹	MJ·L⁻¹	质量分数 /%	g·MJ⁻¹	质量分数 /%	g·GJ⁻¹
液化石油气（LPG）	508.0	46.6	23.7	82.0	17.6	—	—
液化天然气（LNG）	428.2	48.6	20.8	75	15.4	6×10⁻⁴	—
天然气	0.71	50.1	0.03563	75	15.9	6×10⁻⁴	0.1
氢	0.09	120.0	0.0108	—	—	—	—
煤	—	20.9		60	28.7	1.11	531.1

在 WTW 分析中各种工业锅炉和电站锅炉是主要的能源使用装置，表 4-2[2,3] 列出了这些装置的排放因子，表中 CO_2 排放因子是根据各种燃料中 C 元素含量比率（见表 4-1）用式 3-7 以碳平衡法计算所得；NG、柴油燃料的 SO_x 排放因子假设燃料中的 S 元素全部转化为 SO_2，根据燃料中 S 元素含量比率（见表 4-1）用式 3-8 按元素平衡法进行计算，其他燃料在工业或电厂锅炉中燃烧时因可用除硫设备进行处理，故本书使用了文献［3］中的 SO_x 排放因子。我国主要是以热电为主（如表 4-3 所示），故在表 4-2 "电厂锅炉" 一项中列出以煤炭和燃料油为原料的锅炉排放因子。

表 4-2　能源使用装置的排放因子[2,3]　　　　（g/GJ）

锅炉	电厂锅炉		工 业 锅 炉				
	煤炭	燃料油	煤炭	原油	NG	柴油	燃料油
VOC	1.42	2.12	1.42	0.78	2.02	1.22	0.86
CO	11.91	15.15	11.91	22.50	27.26	16.30	15.15
NO_x	270.15	94.78	270.15	172.12	67.33	79.11	142.17
PM_{10}	10.43	20.85	10.43	28.16	3.27	43.85	47.39
$PM_{2.5}$	5.21	15.64	5.21	18.30	3.27	36.02	30.80
SO_x	3249	210.69	3249	374.83	0.4	18.8	210.69
CH_4	0.71	0.86	0.71	0.34	1.04	0.17	3.07
N_2O	0.28	0.34	0.28	1.90	1.04	0.37	0.34
CO_2	1.051E+5	8.05E+4	1.051E+5	7.32E+4	5.83E+4	7.47E+4	8.05E+4
温室气体	1.052E+5	8.07E+4	1.052E+5	7.38E+4	5.87E+4	7.48E+4	8.07E+4

表 4-3 我国电能生产情况[6]

年 度		1995	2000	2001	2002	2003	2004	2005
构成（电热当量 计算法）/%	水电	1.84	2.08	2.53	2.48	2.11	2.26	2.30
	核电	0.13	0.16	0.16	0.21	0.32	0.32	0.30
	热电	98.03	97.76	97.31	97.31	97.57	97.42	97.4
构成（发电煤耗 计算法）/%	水电	5.71	6.23	7.43	7.10	5.93	6.20	6.26
	核电	0.39	0.46	0.46	0.61	0.90	0.88	0.83
	热电	93.9	93.31	92.11	92.29	93.17	92.92	92.91

　　燃料运输方式有铁路运输、公路运输、水路运输以及管道运输等。进口原油（我国进口燃料主要是原油）运输主要是海路运输，国产燃料则根据运输距离、地理条件和设施状况采用铁路运输、公路运输、水路运输以及管道运输等。我国目前铁路运输采用内燃机车和电力机车，分别使用柴油和电力作为能源；公路运输是以柴油为燃料的大型货运车辆；水路运输是以柴油为燃料的驳船。管道运输的对象可以是液体即原油或成品油，也可是气体即天然气或氢气。液体管路运输所消耗的能源是燃料油或电力；气体管路运输天然气所消耗的能源是天然气或电力，气体管路运输氢气所消耗的能源可以是电力、天然气、柴油等。表 4-4 列出了不同运输方式所对应的排放因子，与表 4-2 不同的是所有燃料的 CO_2、SO_2 排放因子皆是根据燃料中 C、S 元素含量比率（见表 4-1）以式 3-7、式 3-8 按元素平衡法进行计算，驳船和管路运输的非 CO_2、SO_2 排放因子来自文献 [2]，其余运输方式的非 CO_2、SO_2 排放因子来自文献 [3] 中 2005 年度的值。

表 4-4 不同运输方式的排放因子[2,3] （g/GJ）

排放因子	内燃机车 柴油	油轮 船用燃油	驳船 柴油	货车 柴油	货车 NG	货车 汽油	液体管道 燃料油	气体管道 NG
VOC	74.44	88.33	2.09	85.3	44.13	140.14	1.27	0.86
CO	202.19	398.92	10.62	473.91	639.21	653.38	8.26	73.15
NO_x	1639.24	2436.27	171.36	284.34	1421.72	586.42	124.79	146.30
PM_{10}	48.7	82.32	13.35	41.25	6.09	33.96	16.1	11

续表4-4

排放因子	内燃机车	油轮	驳船	货车	货车	货车	液体管道	气体管道
	柴油	船用燃油	柴油	柴油	NG	汽油	燃料油	NG
$PM_{2.5}$	43.83	61.74	—	—	6.09	31.24	—	—
SO_x	18.8	1418.91	18.8	18.8	0.4	2.4	506	0.4
CH_4	3.73	4.34	0.66	4.18	349.69	7.01	0.8	21.95
N_2O	1.9	1.9	0.34	1.9	1.42	2.27	1.90	1.9
CO_2	7.41E+4	7.97E+4	7.50E+4	7.40E+4	5.63E+4	7.17E+4	7.84E+4	5.74E+4
温室气体	7.48E+4	8.03E+4	7.52E+4	7.47E+4	6.54E+4	7.26E+4	7.90E+4	5.85E+4

　　燃料生命周期分析中常有能量的循环使用情况，比如在原油开采阶段会使用到煤、电能、柴油等，而在煤的开采、电能的生产中又会使用到石油制品等。图4-1以柴油燃料为例，对典型的能量循环使用情况进行了示意说明，如图中所示，在进行柴油 WTT 阶段的原油开采、处理、运输、炼油环节皆可能用柴油作为工艺燃料，如用柴油车或内燃机车进行原油或柴油运输；计算时先采用国内外已有文献的柴油 WTT 分析结果进行柴油 WTT 分析，因文献数据具有时间和地域差异，本书通过将柴油 WTT 结果重新代入柴油 WTT 阶段各环节中进行迭代计算以提高分析计算的精度，当迭代误差小于1%时停止迭代计算。

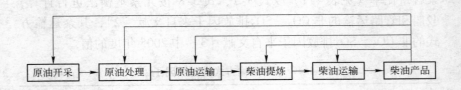

图4-1　原油和柴油的循环使用情况示意图

　　在柴油 WTT 分析时，电力和热力是重要的工艺能量，我国2005年电力和热力生产分别为（7.37E+12）MJ、（2.28E+12）MJ，而生产过程所消耗的能源如表4-5所示，表中使用了柴油作为工艺燃料，在能量循环使用的开始阶段，可参考我国已有燃料生产过程能量消耗和排放的数据（见表4-6）进行分析。其他常用的工艺燃料主要是煤炭制品（原煤、洗精煤、焦炭、其他洗煤、其他焦化产品）、石油制品（原油、汽油、燃料油、煤油）、气体燃料（天然气、焦炉煤气、液化石油气、炼厂干气、其他煤气）；用各种燃料的低热值及排放因子计算其能量消耗和燃烧产生的排放。表4-6之外的其他燃料，如煤油、炼厂干气等没有排放因子的相关数据，因这些工艺燃料用量较少，本书根据其和同类燃料的热值比，用同类燃料的当量排放因子来近似计算，比如气体燃料用天然气、石油制品用原油、煤炭制品用煤炭的当量排放因子来替代。

表4-5 我国2005年电力和热力生产过程中工艺燃料消耗[6]

类 别	电力生产			热力生产		
	质量/kt	能量/MJ	能量比例/%	质量/kt	能量/MJ	能量比例/%
NG	2238.9	1.12E+11	0.50	1645.8	8.26E+10	2.66
焦炉煤气	358.3	7.52E+09	0.03	169.0	3.55E+09	0.11
其他煤气	1308.5	2.75E+10	0.12	781.5	1.64E+10	0.53
LPG	1.2	5.59E+07	0.0002	31.6	1.47E+09	0.0475
燃料油	11060.6	4.62E+11	2.05	1717.3	7.18E+10	2.32
炼厂干气	365.1	1.68E+10	0.07	832.5	3.84E+10	1.24
其他能源	2440.2	5.12E+10	0.23	541.6	1.14E+10	0.37
原油	212.8	9.09E+09	0.04	3.3	1.41E+08	0.0045
汽油	7	3.04E+08	0.0013	1.0	4.34E+07	0.0014
柴油	3667.4	1.56E+11	0.69	0	0	0
其他石油	706.1	1.33E+10	0.06	1490.4	2.82E+10	0.91
原煤	1013116	2.13E+13	94.14	133229.2	2.80E+12	90.25
洗精煤	839	1.76E+10	0.08	67.0	1.41E+09	0.0454
其他洗煤	18679.9	3.92E+11	1.74	2123.8	4.46E+10	1.44
合 计	1055001	2.25E+13	100	142634.0	3.1E+12	100

表 4-6 主要能源生命周期能量消耗、转化效率及排放[2]

能源种类		煤炭	原油	天然气	燃料油	柴油
一次能源转化效率/%		95. 44	90. 16	96. 37	79. 76	71. 68
能源消耗 /GJ·GJ^{-1}	原煤	1. 0364	0. 0472	0. 0037	0. 0726	0. 1550
	原油	0. 0114	1. 0619	0. 0047	1. 1812	1. 2400
	天然气	0	0	1. 0292	0. 0000	0. 0000
	合计	1. 0478	1. 1091	1. 0376	1. 2538	1. 3950
排放 /g·GJ^{-1}	VOC	7. 08	2. 79	0. 12	6. 57	8. 51
	CO	1. 42	1. 89	1. 15	3. 34	6. 37
	NO	12. 91	22. 48	2. 72	37. 48	77. 70
	PM$_{10}$	4. 57	2. 03	0. 19	3. 72	7. 33
	SO$_2$	127	199	16	872	1413
	CH$_4$	272. 47	99. 56	220. 55	116. 05	142. 67
	N$_2$O	0. 02	0. 1	0. 03	0. 14	0. 28
	CO$_2$	4639	9449	2184	15094	31359
	温室气体	10367	11570	6826	17575	34442

以下将以电力和热力生产为例，说明燃料生命周期分析 WTT 阶段各环节能量消耗和排放的计算方法。其他燃料 WTT 阶段各环节的计算方法与步骤除有特别说明和补充外，皆与此类似，并只直接给出计算结果。

（1）电力和热力生产的能量转换效率计算。根据表 4-5 中工艺燃料的消耗量及表 4-1 中各工艺燃料的低热值可得电力和热力生产的工艺能量消耗分别为（2.25E+13）MJ、（3.1E+12）MJ，而电力和热力产量分别为（7.37E+12）MJ、（2.28E+12）MJ，用式 3-1 可计算电力和热力生产的工艺燃料能量转换效率分别为 32.6%、72.3%；用表 4-6 中煤炭、原油、NG 的能源转化效率经加权计算得电力和热力生产时一次能源能量转化为工艺燃料能量的效率分别为 95.29%、95.18%，则用该能量转化效率可计算出电力和热力生产的一次能源能量消耗分别为（2.37E+13）MJ、（3.32E+12）MJ，同理可得电力和热力生产的一次能源能量转换效率分别为 31.05%、68.82%。

（2）电力和热力生产的能量消耗计算。根据电力和热力生产的工艺燃料能量转换效率为 32.6% 和 72.3%，用式 3-2 计算可得电力和热力生产的工艺燃料能量消耗分别为 2.072MJ/MJ、0.38MJ/MJ；同理可得电力和热力生产的一次能源能量消耗分别为 2.22MJ/MJ、0.45MJ/MJ。

（3）电力和热力生产的排放计算。计算出电力和热力生产的工艺燃料能量消耗后，根据电力和热力生产过程中所用工艺燃料的热值（见表 4-1）、工艺燃料使用装置的排放因子（见表 4-2）以及工艺燃料的消耗量（见表 4-5），用式 3-4 计算电力和热力生产过程中工艺燃料燃烧时产生的排放；此处使用了 14 种工艺燃料或能量，故式 3-4 中 $i=1, \cdots, 14$，工艺燃料皆使用工业和电厂锅炉，故式 3-4 中 $j=1$、2，因有些工艺燃料使用很少，为简化计算，煤炭类工艺燃料（原煤、洗精煤等）皆用电厂锅炉燃用煤炭的排放因子计算，除柴油外的石油类（燃料油、汽油等）工艺燃料皆用工业锅炉燃用原油的排放因子计算；除 LPG 外其他气体燃料用 NG 近似计算。比如计算电力生产所用柴油燃料的排放，用表 4-5 中电力生产消耗柴油的能量（1.56E+11）MJ 比上电力产量（7.37E+12）MJ 可得电力生产过程中柴油能量消耗为 0.02117MJ/MJ；由表 4-6 的柴油生产能量转化效率 71.68% 可计算出电力生产柴油工艺燃料的一次能源消耗为 0.02953 MJ/MJ；则用电力生产过程中柴油能量消耗为 0.02117MJ/MJ 分别乘表 4-2 中工业锅炉柴油燃料燃烧排放因子和表 4-5 中柴油生产排放因子各项可计算出电力生产柴油工艺燃料的排放如表 4-7 所示。表中"燃烧排放"、"生产排放"分别是"燃烧排放因子"、"生产排放因子"所在列的各项乘电力生产过程中柴油能量消耗 0.02117MJ/MJ 而得。

表 4-7　电力生产过程柴油工艺燃料排放　　　（g/GJ）

排放种类	燃烧排放因子	生产排放因子	燃烧排放	生产排放	合　计
VOC	1.42	8.51	0.03	0.18	0.21
CO	11.91	6.37	0.25	0.13	0.39
NO_x	270.15	77.70	5.72	1.64	7.36

续表 4-7

排放种类	燃烧排放因子	生产排放因子	燃烧排放	生产排放	合 计
PM_{10}	10.43	7.33	0.22	0.16	0.38
$PM_{2.5}$	5.21	—	0.11	0.00	0.11
SO_x	3249.00	1413.00	68.78	29.91	98.69
CH_4	0.71	142.67	0.02	3.02	3.04
N_2O	0.28	0.28	0.0059	0.0059	0.0119
CO_2	1.051E+5	31359	2225.13	663.87	2889
温室气体	1.052E+5	34442	2227.27	729.14	2956.41

以上分析了电力生产过程中柴油工艺燃料排放的计算过程，用同样方法计算其他燃料的排放，用式 3-4 可以得到电力、热力生产的排放清单，计算结果如表 4-8 所示，表中电力、热力生产的排放包含了工艺燃料的使用和生产过程。从表可知电力生产过程中的排放高于热力生产过程中的排放，主要是因为电力生产能量转化效率低于热力生产所致。表 4-9 比较了几种电力生产过程的能量消耗和排放情况，表中 2005 年的数据是取自表 4-8 本书计算结果，2002 年的数据是取自文献 [2]，美国的数据来源于文献 [3]。

表 4-8 电力、热力生产过程的排放　　　　（g/MJ）

排放	VOC	CO	NO_x	PM_{10}	$PM_{2.5}$	SO_2	CH_4	N_2O	CO_2	温室气体
电力	0.0255	0.0415	0.8498	0.0485	0.0182	10.0	0.8210	0.0010	332.8	353.6
热力	0.0110	0.0193	0.3683	0.0214	0.0082	4.3	0.3617	0.0005	145.3	154.5

表 4-9 我国 2002 年、2005 年及美国热电生产情况对比[2,3]

对 比 项		2005 年	2002 年	美国
一次能源消耗/MJ · MJ^{-1}		3.23	3.26	3.13
一次能源转化效率/%		31.05	30.67	32
排放/g · MJ^{-1}	VOC	0.0255	0.02645	0.00142
	CO	0.0415	0.04148	0.01192
	NO_x	0.8498	0.88091	0.27016
	PM_{10}	0.0485	0.05157	0.01200

续表4-9

对 比 项		2005 年	2002 年	美国
排放/g·MJ^{-1}	PM$_{2.5}$	0.0182	0	—
	SO$_2$	10.0	10.505	0.56894
	CH$_4$	0.8210	0.85019	0.00071
	N$_2$O	0.0010	0.00094	0.00028
	CO$_2$	332.8	341.483	
	温室气体	353.6	363.02	—

从表 4-9 中可知，我国 2005 年电力生产一次能源消耗比 2002 年下降了 0.93%，温室气体下降了 2.7%，主要是因为单位电力生产过程中使用的工艺燃料种类和数量的改变；与美国相比，我国 2005 年电力生产一次能源转化效率低 3.1%，非 CO_2 排放均高于美国。

4.2 原油、天然气开采能量消耗和排放

当前柴油的生产主要是通过提炼原油获得，我国原油一部分是国内开采，一部分从国外进口。本书柴油燃料生命周期分析是基于当前我国和国外石油工业的数据及相关参数假设进行的。

原油开采包括油井钻探、抽取、收集、初加工、储存等。当地下含油层压力较高时原油从油井自动喷出，否则要采用一定措施将原油从井中抽取出来。对黏度大于 50mPa·s、密度大于 0.934kg/L 的原油（稠油）可以将原油、残油或天然气锅炉产生的高温高压蒸汽注入油层进行加热，使原油温度升高，黏度降低，从而增加原油的流动性，同时加热后原油轻质成分气化膨胀有助于推动油层里的原油流向生产井，高温蒸汽加热油层变成热水流动，会置换油层里原油滞流空隙，有利于原油的开采；也可将一定量黏度小的稀油加入稠油中以降低黏度，或将含有表面活性剂的水溶液掺入稠油中，并在油管表面上形成亲水的润湿表面，以降低原油流动时的阻力；还可将 CO_2 等气体注入油层置换出原油以提高产油量。开采出的原油包含气体和水等杂质，一般要进行油水分离和油气分离处理后，然后输送到输油管道中。原油在抽取、稀化、加注高温高压蒸汽或 CO_2 过程中，将有能量

的消耗和有害气体排放。

在计算时，国内原油开采能量消耗使用的是《中国能源统计年鉴 2006》统计的 2005 年石油开采业终端能源消费数据，折合为开采原油单位能量所消耗的能量；进口原油开采能量消耗使用世界平均值，然后根据国内开采和进口量的百分比进行加权，得原油开采单位能量的能量消耗量 EC_e

$$EC_e = \alpha EC_{ed} + (1 - \alpha)EC_{ei} \tag{4-1}$$

式中，EC_{ed} 为国内原油开采的能量消耗，MJ/MJ；EC_{ei} 为进口原油开采能量消耗，MJ/MJ；α 为国内开采原油占消耗总量的质量分数，%。

原油开采排放计算与能量消耗计算方法相同，可采用类似于式 4-1 的公式。

4.2.1　国内原油天然气开采能源消耗和工艺燃料燃烧排放

在原油开采时要消耗能量，例如表 4-10 列出了美国国内所使用原油（包括美国国内开采和进口的两部分）的能量消耗情况。

表 4-10　美国原油开采环节的能源消耗情况统计[7]

	类　别	煤炭	石油	天然气	合计	比例
	单　位	MJ/MJ				%
美国国内	原油开采合计	6.30E-03	1.02E+00	7.66E-02	1.10E+00	100
	陆上传统开采	4.67E-03	6.96E-01	5.12E-03	7.05E-01	63.87
	海上传统开采	0	2.15E-01	3.60E-03	2.19E-01	19.79
	陆上强化开采	1.63E-03	1.11E-01	6.78E-02	1.80E-01	16.34
其他国家	原油开采合计	5.58E-03	1.02E+00	4.04E-02	1.07E+00	100
	陆上传统开采	5.13E-03	7.76E-01	1.59E-02	7.97E-01	74.69
	海上传统开采	0	2.15E-01	5.97E-03	2.21E-01	20.70
	陆上强化开采	4.44E-04	3.03E-02	1.85E-02	4.92E-02	4.61

由于我国各类统计资料没有将石油、天然气生产的技术指标单独列出，如《中国能源统计年鉴 2006》是将石油和天然气合在一起列出，如表 4-11 所示，故需将石油与天然气开采业的能耗数据进行分解处理，以得到原油与天然气开采环节的工艺燃料消耗。

表 4-11　石油和天然气开采业终端能源消费量统计[6]

能源类别	标准煤	实物量	低热值	热　量
	kt		MJ/kg	MJ
原煤	1054.7	1054.7	29.9	3.15E+10
洗精煤	0.5	0.5	26.3	1.32E+07
焦炭	2.6	2.8	28.4	7.95E+07
天然气	7096.9	533.6	50.1	2.67E+10
液化石油气	48.1	28.1	46.6	1.31E+09
燃料油	412	288.4	41.8	1.21E+10
炼厂干气	613.8	390.6	46.1	1.80E+10
原油	7195.1	5036.5	42.7	2.15E+11
汽油	395.5	268.8	43.4	1.17E+10
煤油	2.5	1.7	43.1	7.30E+07
柴油	2874.8	1973	42.5	8.39E+10
其他石油品	251.9	192.2	38.4	7.38E+09
热力	1767	—	—	5.18E+10
电力	4724.7	38443		1.38E+11

　　在原油开采的同时也产生天然气副产品（油田拌生天然气），为了提高原油产量，当油田拌生天然气含量较少或气体品质较差时，被直接通风排入大气（通风排放）或点炬燃烧后排入大气（燃炬排放）。根据美国能源部能源信息管理署（Energy Information Administration，EIA）统计，油井开采 70% 的能量是原油，30% 的能量是天然气[8]，2005 年我国石油产量 180.8Mt（7.72016×10^{12} MJ）[9]，以 EIA 的统计数据计算，原油生产油井中产生的天然气应有 92.9Gm³（3.30864×10^{12} MJ）。而同期我国为 49.3Gm³（1.75656×10^{12} MJ）[9]，说明原油开采过程中有大量的天然气副产品被燃炬后直接排放掉，造成巨大的能量消耗和有害气体排放。

　　根据我国消耗的原油（180.8Mt）和天然气（49.3Gm³）数量可算出所消耗原油和天然气的能量分别为 7.72016×10^{12} MJ 和 1.75656×10^{12} MJ，则原油和天然气能量比为 4.4 : 1。可将表 4-11 中的数据按我国消耗的原油和天然气能量比例进行分解。因石油和天然气开采业终端能源消费量各占 81.5%、18.5%，分解后石油、天然气开采的终端能源消费量分别如表 4-12、表 4-13 所示。

表 4-12 原油开采业终端能源消费量统计[6]

能源类别	标准煤	实物量	低热值	热 量
	kt		MJ/kg	MJ
原煤	859.6	859.6	24.37	2.57E+10
洗精煤	0.4	0.4	21.43	1.08E+07
焦炭	2.1	2.3	23.15	6.48E+07
天然气	5784.0	434.9	40.83	2.18E+10
液化石油气	39.2	22.9	37.98	1.07E+09
燃料油	335.8	235.0	34.07	9.86E+09
炼厂干气	500.2	318.3	37.57	1.47E+10
原油	5864.0	4104.7	34.80	1.75E+11
汽油	322.3	219.1	35.37	9.54E+09
煤油	2.0	1.4	35.13	5.95E+07
柴油	2343.0	1608.0	34.64	6.84E+10
其他石油品	205.3	156.6	31.30	6.01E+09
热力	1440.1	—		4.22E+10
电力	3850.6	31331.0	—	1.12E+11

表 4-13 天然气开采业终端能源消费量统计[6]

能源类别	标准煤	实物量	低热值	热 量
	kt		MJ/kg	MJ
原煤	195.1	195.1	5.53	5.83E+09
洗精煤	0.1	0.1	4.87	2.44E+06
焦炭	0.5	0.5	5.25	1.47E+07
天然气	1312.9	98.7	9.27	4.94E+09
液化石油气	8.9	5.2	8.62	2.42E+08
燃料油	76.2	53.4	7.73	2.24E+09
炼厂干气	113.6	72.2	8.53	3.33E+09

能源类别	标准煤	实物量	低热值	热 量
	kt		MJ/kg	MJ
原油	1331.1	931.8	7.90	3.98E+10
汽油	73.2	49.7	8.03	2.16E+09
煤油	0.5	0.3	7.97	1.35E+07
柴油	531.8	365.0	7.86	1.55E+10
其他石油品	46.6	35.6	7.10	1.37E+09
热力	326.9	—	—	9.58E+09
电力	874.1	7112.0		2.55E+10

　　根据表 4-1 工艺燃料的热值、含硫量、含碳量，表 4-2 工艺燃料使用装置的排放因子，表 4-12、表 4-13 工艺燃料的消耗量，可以计算出原油、天然气开采过程中能量消耗、工艺燃料的燃烧排放及各工艺燃料燃烧排放百分比。将原油或天然气开采过程中消耗的工艺燃料的总能量比上所开采出原油或天然气包含能量计算出能量效率，如式 3-1 所示，然后由式 3-2 计算原油或天然气开采的能量消耗；则由表 4-12、表 4-13 中的相关数据可计算出原油、天然气开采过程工艺燃料能量消耗为 0.06277MJ/MJ，即工艺燃料能源转换效率为 94.1%。考虑工艺燃料生产效率，转化为一次能源消耗，则原油、天然气开采过程一次能源转换效率为 90.67%，即开采的能量消耗为 0.10286MJ/MJ。根据表 4-2 、表 4-12、表 4-13 用式 3-3、式 3-4 计算原油、天然气开采过程工艺燃料燃烧排放；根据表 4-6 、表 4-12、表 4-13 计算原油、天然气开采过程工艺燃料生产过程的气体排放，将工艺燃料燃烧排放和生产过程的气体排放对应相加，可得 2005 年我国原油、天然气开采过程工艺燃料总的排放，计算结果如表 4-14 所示，表中我国 2002 年数据来自于文献 [2]，2005 年数据为本书根据该年度统计数据计算所得，各工艺燃料燃烧排放百分比如表 4-15 所示。由表4-14 可知我国 2005 年和 2002 年原油开采过程中能源效率基本保持不变，而排放有较大差异，主要原因是单位原油能量输出使用工艺燃料种类和数量的变化所致，从表 4-15 可以发现，原油开采所消耗电

能和热能所产生的 VOC、NO_x、SO_x、CH_4、CO_2、温室气体排放占所有工艺能量排放比例在 65% 以上，而表中其他 4 种排放占所有工艺能量排放比例亦在 22.6% 以上，说明电能和热能消耗对原油开采的排放起至关重要的作用，本书根据文献 [1] 的统计数据（见表 4-12）计算可得原油开采时所消耗的能量 31.74% 是电能和热能，而文献 [2] 为 20.55%。

表 4-14　我国原油、NG 开采环节工艺燃料燃烧排放、能量消耗量及转化效率

年　度		2005	2002
工艺燃料能量消耗/MJ·MJ^{-1}		0.06277	0.058201
工艺燃料能量转化效率/%		94.1	94.5
排放/g·GJ^{-1}	VOC	0.6534	0.70
	CO	2.61	0.90
	NO_x	20.99	7.34
	PM_{10}	2.37	0.86
	$PM_{2.5}$	1.34	—
	SO_2	179.97	32
	CH_4	14.01	82.08
	N_2O	0.0767	0.06
	CO_2	8862.56	3504
	温室气体	9235	5245

表 4-15　原油、NG 开采过程各种工艺燃料排放比例　（%）

工艺能源	原煤	洗精煤	焦炭	天然气	燃料油	炼厂干气	液化石油气
VOC	1.22	0.0005	0.0031	0.8725	0.17	0.59	0.04
CO	10.40	0.0043	0.0262	2.94	0.74	1.98	0.14
NO_x	2.78	0.0012	0.0070	0.9053	0.86	0.61	0.04
PM_{10}	15.96	0.0067	0.0402	0.3889	2.54	0.26	0.02
$PM_{2.5}$	14.10	0.0059	0.0355	0.69	2.92	0.46	0.03
SO_x	0.61	0.0003	0.0015	0.0006	0.15	0.0004	0.00003
CH_4	0.09	0.00004	0.0002	0.02	0.03	0.01	0.0010

工艺能源	原煤	洗精煤	焦炭	天然气	燃料油	炼厂干气	液化石油气
N_2O	4.12	0.0017	0.0104	3.83	0.56	2.58	0.19
CO_2	3.94	0.0016	0.0099	1.86	1.16	1.25	0.09
温室气体	3.79	0.0016	0.0095	1.79	1.11	1.21	0.09

工艺能源	原油	汽油	煤油	柴油	热力	电力	其他石油制品
VOC	2.71	26.42	0.00092	1.65	9.21	57.02	0.09
CO	19.54	30.79	0.0067	5.52	4.04	23.20	0.67
NO_x	18.62	3.44	0.0063	3.34	9.60	59.15	0.64
PM_{10}	26.94	1.76	0.0092	16.36	4.93	29.86	0.92
$PM_{2.5}$	30.94	2.86	0.0105	23.74	3.34	19.80	1.06
SO_x	4.73	0.0016	0.0016	0.09	13.07	81.18	0.16
CH_4	0.06	0.06	0.00002	0.01	14.12	85.60	0.0019
N_2O	56.23	3.64	0.0192	4.27	3.57	19.05	1.93
CO_2	18.75	1.00	0.0064	7.46	8.97	54.86	0.64
温室气体	18.14	0.97	0.0062	7.17	9.15	55.94	0.62

　　表 4-16 对比了本书（"中国 2005"列）和文献［2，7］关于原油开采过程中一次能源效率和气体排放数据，其中美国和国际平均值数据来自于文献［7］；为提高原油的开采率，文献［7］约有 11% 的原油使用强化开采技术，若采用蒸汽注射强化开采时需要蒸汽锅炉生产蒸汽，若采用 CO_2 注射强化开采则需要对 CO_2 进行压缩注射，故会造成增加原油开采的能量消耗。我国原油开采过程中温室气体排放较高，其主要原因之一是我国原油开采消耗的电能占总能量的 23.1%（见表 4-12），而电力生产的温室气体排放为 353.6kg/GJ（见表 4-8），原油生产和锅炉燃烧的温室气体排放分别为 9.916 kg/GJ（见表 4-16）和 73.8 kg/GJ（见表 4-2），故使用电能的温室气体排放是使用原油的 4.22 倍；其次我国热电所占比例较大（97.4%，见表 4-3），而美国热电只占 67.2%，水电和核电占其电力生产总额的 32.8%[4]，故美国电力生产的温室气体排放低于我国；此外，美国约有 5% 的原油开采使用 CO_2 注射强化开采[7]，生产 1kg 原油需注射 2.3kg CO_2，可大量减少 CO_2 排放，故文献［7］所列的原油开采温室气体排放低于我国的排放。

表 4-16　石油开采一次能源消耗与工艺燃料排放对比

类　　别		中国 2005	中国 2002[4]	美国[34]	国际平均[34]
一次能源消耗/ MJ · MJ^{-1}		0.10286	0.1091	0.10601	0.06763
一次能源转化效率/%		90.67	90.2	90.4	93.35
排放/g · GJ^{-1}	VOC	0.8303	2.79	3.80	4.29
	CO	2.73	1.89	1.57	2.88
	NO_x	22.34	22.48	6.18	4.09
	PM_{10}	2.51	2.03	0.04984	0.01716
	$PM_{2.5}$	1.34	—	4.32	3.82
	SO_2	199.02	199	33.08	21.64
	CH_4	19.87	99.56	11.65	24.35
	N_2O	0.0820	0.1	1.041	0.29901
	CO_2	9419.08	9449	1096.21	1861.48
	温室气体	9916.09	11967.8	1697.68	2559.33

　　表 4-17 对比了本书和 5 种文献关于原油、天然气开采过程的能源转换效率分析结果，可知美国的原油与天然气的开采环节平均能源转换效率高于我国。而文献[2]天然气开采效率偏低的主要原因是在缺乏关于天然气开采数据资料的情况下进行了如下假设："原油与天然气开采业的能源消耗中，原油全部用于原油的开采，天然气全部用于天然气的开采，其余能源按照原油与天然气的热值比例进行分配"所造成的。

表 4-17　原油、NG 开采的工艺燃料能源转换效率比较　（％）

对比项	本书	文献[2]	文献[3]	文献[7]	文献[10]
原油	94.1	94.5	98	93.6	98
NG	94.1	80.5	97	—	99.4

4.2.2　进口原油开采能源消耗和工艺燃料排放

　　我国 2005 年进口原油情况统计见表 4-18[6,9,11]，其中从中东、非洲、亚太地区进口的石油约占进口总量的 81%，从美国、欧洲、澳大利亚等地区进口约 19%。假设亚太地区与中东、非洲的原油开采能源消耗和排放为表 4-16 所列的国际平均值，而欧洲、澳大利亚等地区的原油开采能源消耗和排放与美国相同。我国使用原油开采的一次能源消耗与工艺燃料排放如表 4-19 所示，表中无进口原油工艺燃料 WTT 的能源转化效率。

表 4-18　我国 2010 年进口原油统计[12]

进口地	进口数量/Mt	进口比例/%	运输距离/km	燃料油消耗/t
中东	118.4	40.20	9885	795860.6
西非	43.7	14.84	18274	543030.6
中南美洲	24.1	8.18	21914	359126.4
东南非	12.7	4.31	11107	95919.1
北非	10.1	3.43	15682	107703.9
日本	2.7	0.92	2347	4309.4
澳大利亚	7.2	2.44	9387	45960.0
欧洲	1.3	0.44	11875	10497.3
美国	2.5	0.85	22906	38937.5
其他亚太	36.4	12.36	3623	89676.5
北美	2.1	0.71	11875	16957.2
前苏联	33.3	11.31	2130	—
合　计	294.5	100.00	141005	1893728.5

表 4-19　我国使用原油开采的一次能源消耗与工艺燃料排放

类　　别	国产	进口	加权值
原油比例/%	52	48	100
一次能源消耗/MJ·MJ^{-1}	0.10286	0.0749	0.0894
一次能源转化效率/%	90.67	92.80	91.69
工艺燃料消耗/MJ·MJ^{-1}	0.06306	—	—
工艺燃料转化效率/%	94.068	—	—

续表 4-19

类　别		国产	进口	加权值
排放/g · GJ^{-1}	VOC	0.8303	4.20	2.45
	CO	2.73	2.63	2.68
	NO$_x$	22.34	4.49	13.77
	PM$_{10}$	2.51	0.0234	1.32
	PM$_{2.5}$	1.34	3.92	2.58
	SO$_2$	199.02	23.81	114.92
	CH$_4$	19.87	21.94	20.86
	N$_2$O	0.0820	0.4402	0.2539
	CO$_2$	9419.08	1716.08	5721.64
	温室气体	9916.09	2395.71	6318.88

4.2.3　原油、天然气开采非燃烧排放

4.2.3.1　CH$_4$排放

在原油开采和初加工过程中，除工艺燃料产生消耗能量和排放外，还有非燃烧排放，也称为工艺过程排放。以下进行非燃烧排放分析。根据 EIA 统计，美国生产原油 1.43E13MJ/年（1.35E16Btu/年）[13]，生产天然气 6.10669E12MJ/年（5.778E15Btu/年）[8]，而生产原油和天然气通风排放的 CH$_4$ 总量为 0.93Mt，其中 90%（0.84Mt）是开采原油的油井产生的[13]。以原油、天然气产量 70%、30%划分 CH$_4$排放，则生产原油和天然气通风产生的 CH$_4$排放分别为 0.588Gt/年、0.252Gt/年，即美国原油、天然气开采通风产生的 CH$_4$排放分别为 41.19g/GJ、41.27g/GJ。由于缺乏伴生天然气利用的基础设施，文献〔3〕认为海湾地区、非洲等国家地区燃炬和通风排放的天然气是美国的两倍，即原油和天然气生产的 CH$_4$通风排放因子分别为 0.08238g/MJ、0.08253g/MJ。我国从海湾地区、非洲、亚太地区进口的石油约占进口总量的 81%，从美国、欧洲、澳大利亚等地区进口约 19%，见表 4-18。假设亚太地区与海湾地区、非洲的 CH$_4$通风排放因子相同，欧洲、澳大利亚等地区 CH$_4$通风排放因子和美国

相同。我国进口石油、天然气 CH_4 通风加权排放因子分别为 0.07455g/MJ、0.07469g/MJ。由于缺乏我国原油、天然气生产中天然气通风排放的详细数据，结合现阶段我国生产技术水平，我国原油、天然气开采 CH_4 通风排放因子亦采用海湾地区、非洲的平均值分别为82.38g/GJ、82.53g/GJ，故我国所消耗原油 CH_4 通风排放因子为52%国内原油开采和48%进口原油开采的加权 CH_4 通风排放因子为78.62g/GJ。因我国天然气进口量非常少，故天然气通风排放因子使用国内数据82.53g/GJ，如表4-20所示。

表4-20 原油和天然气开采环节的 CH_4 通风排放因子（g/GJ）

类别	欧美	海湾地区、非洲	进口	我国国产	进口、国产加权值
原油	41.19	82.38	74.55	82.38	78.62
天然气	41.27	82.53	74.69	82.53	82.53

在原油的开采分离过程中也产生 CH_4 排放，由于缺乏我国的数据，引用美国 EIA 的原油开采、分离 CH_4 排放数据如表4-21所示。根据同期美国原油（14.275×10^{12} MJ/a）[10]、天然气（6.10669×10^{12} MJ/a）的产量[8]以及表4-21数据可得原油、伴生天然气开采和分离过程中的 CH_4 排放因子，分别为19.266g/GJ、130.418g/GJ，国内及进口原油天然气开采均使用该值进行计算。

表4-21 原油、天然气开采分离过程中的 CH_4 排放[14]

类别	油井操作		管道收集		加热、分离、脱水	
单位	Mt	%	Mt	%	Mt	%
原油	0.028	70	0.085	10	0.162	90
天然气	0.012	30	0.765	90	0.018	10
合 计	0.04	100	0.85	100	0.18	100

4.2.3.2 燃炬天然气的排放

据 EIA 估算美国每年通风和燃炬的天然气为 4.524Mt（2.357E14ft³）[8]，减去通风的天然气排放0.93Mt，燃炬的天然气有3.594Mt。当原油开采同时生产伴生天然气时，文献［3］将85%燃炬的天然气分配到原油生产中，原油、天然气燃炬情况如表 4-22 所示，然后根据天然气燃烧的排放因子来计算燃炬的排放因子。

表 4-22　美国原油、天然气开采中燃炬的天然气[3]

类　别	产量/MJ	燃炬量/Mt	燃炬天然气/g·MJ⁻¹
原油	1.43E+13	3.05	0.21400
天然气	6.11E+12	0.54	0.08828

文献 [3] 认为美国燃炬的天然气是其他国家、地区的 60%，故推算我国原油、天然气开采产生的燃炬天然气分别是 0.3567g/MJ 和 0.1471g/MJ；我国进口原油的燃炬天然气仍采用表 4-20 所示方法进行加权，为 0.32956g/MJ；我国所用天然气和原油燃炬的天然气见表 4-23 。

表 4-23　原油、天然气开采中燃炬天然气消耗因子　(g/MJ)

类　别	美国	进口	国产	加权值
原油	0.21400	0.32956	0.3567	0.34367
天然气	0.08828	0.13595	0.1471	0.14175

根据表 4-23 燃炬的天然气消耗因子及燃烧排放因子，可以计算出原油、天然气开采由于燃炬而产生的排放因子，计算结果如表 4-24 所示，表中燃炬天然气包含的能量是以表 4-23 所示原油、天然气开采中燃炬天然气消耗因子加权值乘 NG 的低热值而得。

表 4-24　原油、NG 开采中燃炬排放因子

对　比　项		NG 燃炬排放因子	原油	NG
燃炬天然气包含的能量/GJ·GJ⁻¹		—	0.01725	0.00712
排放/g·GJ⁻¹	VOC	2.37	0.04088	0.01686
	CO	24.64	0.42515	0.17536
	NO_x	46.35	0.79961	0.32980
	PM_{10}	3.51	0.06050	0.02495
	$PM_{2.5}$	3.51	0.06050	0.02495
	SO_2	0.4	0.00690	0.00285

续表 4-24

对 比 项		NG 燃炬排放因子	原油	NG
排放/g·GJ⁻¹	CH_4	46.44	0.80125	0.33048
	N_2O	1.04	0.01799	0.00742
	CO_2	58330	1006.33	415.06
	温室气体	59800.92	1031.72	425.54

4.2.3.3 原油挥发逸散的 VOC 排放

在钻油井、油田初加工、油田储存时 VOC 挥发排放分别是 8.53E-03g/GJ(0.009g/MBtu)、0.187g/GJ(0.197g/MBtu)、0.47g/GJ(0.496g/MBtu)[3]，参考上述文献数据，设我国原油开采环节 VOC 排放与美国相同，则柴油燃料生命周期原油开采环节的 VOC 排放率合计为 0.665g/GJ(0.702g/MBtu) 原油。

4.3 原油运输能量消耗和排放

进口原油运输典型油轮主要参数平均值见表 4-25，我国原油进口地及运输距离见表 4-18，使用这些数据进行进口原油运输的能量消耗和排放计算。

表 4-25 典型油轮主要参数平均值[11]

参 数	总长	型宽	吃水	航速	油轮耗油率	万吨公里耗油率
	m			km/h	kg/km	kg/(10⁴t·km)
灵便型	184.6	30.6	11.6	27.5	56.5	13.64
巴拿马型	233	33.9	13.1	27.4	65.1	9.35
阿芙拉型	242.2	41.1	14	27.1	70.5	7.28
苏伊士型	272.3	45.5	16.5	27.9	105.0	7.30
大型油轮	331.2	57	21	28.5	146.5	5.28
超大型油轮	371.2	64.3	23.2	28.5	301.1	7.53

4.3.1　原油运输能量消耗

进口原油的运输包含从进口地到我国进口口岸之间的运输以及到达口岸后在国内向各使用地的运输；而国产原油的运输是从产地到使用地之间的运输。进口原油运输主要是海运（占进口总量的88.26%，见表4-18），由《BP世界能源统计2007》统计的我国原油进口地区及数量，计算到岸海运能耗。从前苏联进口的原油主要是铁道运输（占进口总量的11.74%，见表4-18），根据原油进口地及数量计算到岸铁路运输能耗。进口原油到岸运输能耗 EC_{ti}

$$EC_{ti} = \beta EC_{ts} + (1-\beta) \times EC_{tr} \qquad (4-2)$$

式中，EC_{ts}、EC_{tr} 分别为海运和铁路运输进口原油能量消耗，MJ/MJ；β 为进口原油中海运运输占进口总量的质量百分比，%。

根据表4-18的运输距离、运输量及燃料油生命期一次能源转化效率（79.76%）以及文献［11］海运油轮的平均单位能耗68g/(km·t)，计算可得海运原油的工艺燃料和一次能源能量消耗分别为0.00916MJ/MJ、0.01148MJ/MJ，即工艺燃料和一次能源转化效率分别为99.09%、98.86%。从前苏联进口原油19.6百万吨，采用内燃机车运输，平均铁路运距2130km，工艺燃料和一次能源强度［15］分别为106.25kJ/(t·km)、148.23kJ/(t·km)，则进口原油铁路运输工艺燃料和一次能源消耗分别为0.00533MJ/MJ、0.00743MJ/MJ。根据进口原油的铁路运输和海运百分比，由式4-2得原油进口运输的工艺燃料和一次能源能量消耗分别为8.71kJ/MJ、8.95MJ/MJ。

进口到岸的原油及国内开采的原油用铁路、水路、管道运输至炼油厂，该过程的运输能耗 EC_t 为

$$EC_t = \alpha EC_{td} + (1 - \alpha) \times (EC_{ti} + EC_{td}) \qquad (4-3)$$

式中，EC_{td} 为原油国内运输能量消耗，MJ/MJ。

表4-26列出了美国原油以油轮、驳船、铁路、公路和管道运输时的能量消耗情况和各运输装载方式能量消耗比例［7］。虽然在运输周转过程中物料装卸是必不可少的环节，但从表4-26知原油进口及在国内运输装卸环节能量消耗比例仅占整个运输过程中的 9.4×10^{-6}、16.7×10^{-6}，故本书分析忽略了该环节的能量消耗。

表 4-26　美国原油运输情况分析[7]

类　　别		煤炭 /J·MJ⁻¹	石油 /J·MJ⁻¹	天然气 /J·MJ⁻¹	合计 /J·MJ⁻¹	比例 /%
国内运输	运输合计	1.76E+3	2.15E+3	6.66E+2	4.58E+3	100
	油轮装载	2.36E-2	1.68E-3	6.30E-3	3.16E-2	6.90E-4
	油轮运输	1.94E+1	1.29E+3	1.30E+2	1.44E+3	31.49
	驳船装载	1.33E-2	9.48E-4	3.54E-3	1.78E-2	3.90E-4
	驳船运输	1.53	1.02E+2	1.03E+1	1.14E+2	2.48
	火车装载	8.39E-3	5.99E-4	2.24E-3	1.12E-2	2.5E-4
	铁路运输	4.82	3.22E+2	3.25E+1	3.59E+2	7.85
	货车装载	1.18E-2	8.40E-4	3.14E-3	1.58E-2	3.4E-4
	货车运输	4.65	3.09E+2	3.11E+1	3.45E+2	7.53
	管道运输	1.73E+3	1.24E+2	4.62E+2	2.32E+3	50.65
进口运输	运输合计	1.99E+3	1.98E+4	2.44E+3	2.43E+4	100
	油轮装载	1.64E-1	1.17E-2	4.38E-2	2.19E-1	9.05E-4
	油轮运输	2.96E+2	1.97E+4	1.98E+3	2.19E+4	90.46
	驳船装载	6.27E-3	4.46E-4	1.67E-3	8.38E-3	3.46E-5
	驳船运输	7.24E-1	4.80E+1	4.83	5.36E+1	0.22
	火车装载	1.13E-5	8.10E-7	3.03E-6	1.52E-5	6E-8
	铁路运输	6.56E-3	4.36E-1	4.39E-2	4.86E-1	0.002
	管道运输	1.69E+3	1.21E+2	4.51E+2	2.26E+3	9.32

　　当进行国内原油运输能量消耗和排放计算时，需原油运输方式、数量、距离、能源消耗等数据。由于只有全国原油运输总量而缺乏各种方式运输原油的详细数据，本书根据中国石油天然气集团公司和中国石油化工集团公司 2005 底统计的 33 家公司输油管道长度以及管道、铁路、水路运输量比例（如表 4-27 和表 4-28 所示），推算我国国内 2005 年各种方式原油运输量情况。根据表 4-27 中管道长度、运输量和周转量可得管道运输的平均运距，我国所有采用管道运输的燃料其平均运距均采用表 4-27 中的值；铁路、水路平均运距采用《2006 统计年鉴》货物分类运输统计数[16]。

表 4-27 2005 年底我国部分公司管道长度和运输量情况

类　　别	管道里程 /km	运输能力 /Mt	运输量 /Mt	周转量 /Mt·km	平均运距 /km
原油管道（33 家公司）	15541	415.08	234.34	72131.39	308
成品油管道（31 家公司）	5443	123.18	35.81	6007.27	168
天然气管道（22 家公司）	22451	71.87	37.41	30587.66	818
其他气体管道（19 家公司）	546	6.23	2.81	39.54	14
输油管道合计	20984	538.26	270.15	78138.65	289
输气管道合计	22997	78.09	40.22	30627.20	761
管道总计	43981	616.35	310.37	108765.85	350

注：数据来源于中国石油天然气集团公司和中国石油化工集团公司统计的 2005 年底
33 家公司输油管道长度和运输量及原油铁路、水路运输量。

表 4-28 我国部分公司原油铁路、水路、管路运输量统计

运输总量 /Mt	铁路运输		管路运输		水路运输	
	运输量 /Mt	百分比 /%	运输量 /Mt	百分比 /%	运输量 /Mt	百分比 /%
120.15	17.55	14.6	88.63	73.8	13.97	11.6

我国原油铁路运输能量消耗情况见表 4-29 [12]；铁路运输量、水路运输量分别是以原油消耗总量乘表 4-28 中铁路运输比例 14.6%、水路运输比例 11.6% 得到；我国原油运输的能源消耗情况如表 4-30 所示。原油管道运输需要用电能提供动力，其工艺燃料能量消耗为 41.17kJ/（t·km）时 [7,17]，考虑电能生产的一次能源转换效率 31.05%，则原油管道运输一次能源能量消耗为 960J/MJ。由表 4-30 可知水路运输工艺燃料能耗为 2.56kJ/MJ，能源转化效率为 99.74%；因燃料油一次能源转化效率为 79.76%（见表 4-6），则水路运输一次能源消耗为 3.21kJ/MJ，即能源转化效率为 99.68%。

表 4-29 中国铁路运输基本情况统计[15]

类　别	电力机车	内燃机车
运输比例/%	38.7	61.3
工艺燃料消耗	电 111.2kW·h /(10⁴t·km)	柴油 25kg /(10⁴t·km)
工艺燃料低热值	3.6MJ/(kW·h)	42.5MJ/kg
工艺燃料能源强度/kJ·(t·km)⁻¹	40.032	106.25
平均工艺燃料能源强度/kJ·(t·km)⁻¹	80.62	
工艺燃料生成效率/%	31.05	71.68
一次能源强度/kJ·(t·km)⁻¹	128.93	148.23
平均一次能源强度/MJ·(t·km)⁻¹	0.14076	

表 4-30 原油平均运输能耗[6,7,11,15]

类　别		货运量		平均运距	一次能源消耗		合　计
		%	Mt	km	kJ/(t·km)	kJ/MJ	kJ/MJ
国内	铁路	14.6	46.36	935	140.76	3.1	
	管道	73.8	234.34	308	132.59	0.96	1.46
	水路	11.6	36.83	431	252	2.56	
进口	铁路	11.7	19.6	2130	148.23	7.43	
	海路	88.3	147.3	10714.63	36.32	9.16	8.95

由式 4-3 可计算得国内消耗的原油在运输过程中的一次能源能量消耗为 5.75kJ/MJ；工艺燃料能量消耗为 4.89kJ/MJ，即能源转化效率分别为 99.43%、99.51%。而文献 [2] 计算的一次能源转化效率为 99.12%。

4.3.2 原油运输排放

原油运输过程中由于工艺燃料的使用，不仅造成能量消耗，还有环境排放的产生。因我国所用原油是进口和国内开采两部分组成，故原油运输排放也应考虑进口运输和国内运输环节。原油运输排放 EPM_t 可用下式计算

$$EPM_t = \alpha EPM_{td} + (1-\alpha) \times (EPM_{ti} + EPM_{td}) \qquad (4\text{-}4)$$

式中，EPM_{td}、EPM_{ti}分别为国内原油运输、进口原油运输的温室气体排放，g/MJ。

下面进行原油运输各环节的排放分析，在原油进口时海路运输主要消耗的是燃料油，铁路运输消耗的主要是柴油，由表 4-4 中各种运输方式的排放因子和表 4-30 中运输方式的能量消耗可以计算出进口原油的排放情况，结果如表 4-31 所示，表中美国进口原油运输的气体排放数据来自于文献 [7]。

表 4-31　我国和美国进口原油运输的排放　　　　（g/GJ）

运输方式	海路	铁路	进口合计	美国进口
VOC	0.8091	0.5531	0.7791	14.48
CO	3.65	1.50	3.40	0.40071
NO_x	22.32	12.18	21.13	2.65
PM_{10}	0.7541	0.3618	0.7082	0.00155
$PM_{2.5}$	0.5655	0.3257	0.5375	2.29
SO_x	13.00	0.1397	11.49	20.96
CH_4	0.0398	0.0277	0.0383	1.11
N_2O	0.0174	0.0141	0.0170	0.02127
CO_2	730.05	550.56	709.05	1794.45
温室气体	735.55	555.76	714.51	1828.54

原油（国内开采部分及进口到岸部分）要通过管路、水路、铁路、公路等销售分配到各炼油厂。管路运输主要消耗电力；水路运输主要消耗柴油；铁路运输主要消耗电力和柴油，公路运输主要消耗柴油，然后根据表 4-27 ~ 表 4-30 各运输方式所消耗的不同工艺燃料数量及燃烧排放因子确定其排放，计算结果如表 4-32 所示，表中原油在美国国内运输的排放数据来自于文献 [7]。

由式 4-3 及表 4-31 和表 4-32 所列的进口原油运输及原油在国内运输的排放值，计算可得我国原油运输的排放如表 4-33 所示，表中 2005 年的数据是本书分析的结果；2002 年的数据是文献 [2] 分析的结果；美国原油运输排放是进口原油运输和国内运输各 50% 的加权值[7]。从表中可知我国原油运输温室气体 2005 年是 2002 年的

72.9%，主要原因是运输工具技术的进步和运输过程中使用的工艺燃料种类和数量的变化；美国原油运输温室气体高于我国，主要是因为原油运输排放与运输周转量密切相关（见表4-27、表4-29、表4-30），我国原油产地、进口地以及炼油厂位置与美国的不同造成了原油运输排放的差异。而本书与文献［2］具有一定的可比性，但由于所用数据的年度不同，计算结果也不尽相同。

表 4-32　我国和美国原油运输的排放

类　　别		国内铁路	国内管路	国内水路	国内运输	美国国内
运输比例/%		14.6	73.8	11.6	—	—
排放 /g·GJ^{-1}	VOC	0.1270	0.0245	0.0271	0.0397	2.69095
	CO	0.3115	0.0398	0.0435	0.0799	0.27286
	NO$_x$	2.74	0.8158	0.6376	1.0756	1.70501
	PM$_{10}$	0.0964	0.0466	0.0529	0.0546	0.04084
	PM$_{2.5}$	0.0687	0.0175	0	0.0229	1.27047
	SO$_x$	5.43	9.60	3.67	8.30	2.85108
	CH$_4$	0.4873	0.7882	0.3669	0.6954	0.68096
	N$_2$O	0.0034	0.0010	0.0016	0.0014	0.00864
	CO$_2$	263.30	319.49	272.28	305.81	419.04
	温室气体	275.75	339.46	280.68	323.34	438.64

表 4-33　原油运输过程中的排放

类　　别		2005	2002	美　　国
排放 /g·GJ^{-1}	VOC	0.4137	1.52	8.58
	CO	1.71	0.31	0.33679
	NO$_x$	11.22	2.25	2.18
	PM$_{10}$	0.3945	0.34	0.02120
	PM$_{2.5}$	0.2809	—	1.78
	SO$_x$	13.82	7	11.90
	CH$_4$	0.7138	0.01	0.89473
	N$_2$O	0.0096	0.02	0.01495
	CO$_2$	646.15	907	1106.74
	温室气体	666.30	913.21	1133.56

4.4　炼油能量消耗和排放

4.4.1　炼油能量消耗

　　炼油综合能耗包括炼油生产装置、辅助系统（储运、污水处理、空压站、氧气站、机修、仪修、电修、化验、研究、仓库、消防、生产管理等）、输变电、热交换等所消耗的能量，炼油过程中消耗的工艺燃料种类及比例各不尽相同，表 4-34[7]、表 4-35[6] 是美国和我国在炼油过程的能量消耗情况。

表 4-34　美国炼油厂生产柴油的工艺燃料消耗[7]

类　别	煤炭 /kJ·MJ^{-1}	原油 /kJ·MJ^{-1}	天然气 /kJ·MJ^{-1}	总计 /kJ·MJ^{-1}	比例 /%
工艺燃料合计	7.12	4.26	46.20	57.60	100
煤炭	7.91E-2	4.68E-4	0.00	0.08	0.14
柴油	6.66E-3	0.44	0.04	0.49	0.86
燃料油	3.53E-2	2.34	0.24	2.62	4.54
天然气	1.90E-5	5.13E-5	26.20	26.20	45.44
石油焦	1.37E-2	0.97	0.10	1.08	1.88
丙烷	1.54E-6	4.16E-6	2.12	2.12	3.68
蒸汽生产	1.18E-6	3.18E-6	1.62	1.62	2.82
发电生产（平均）	6.98	0.50	1.86	9.34	16.22
催化剂	3.87E-3	5.55E-4	0.03	0.04	0.06
其他石化燃料	1.02E-5	2.75E-5	14.00	14.00	24.37

表 4-35　中国 2005 年炼油能源平衡统计[6]

类　别		实物量/Mt	标准量/Mt	能量/MJ
能源输入	原油制品	11.67	12.69	3.79E+11
	原油	290.41	414.87	1.24E+13
	其他能源	0.3552	0.3552	1.06E+10
	能源输入总量	302.44	427.92	1.28E+13

类　　别		实物量/Mt	标准量/Mt	能量/MJ
能源输出	汽油	54.33	79.94	2.39E+12
	煤油	10.06	14.81	4.43E+11
	柴油	110.90	161.59	4.83E+12
	燃料油	17.67	25.25	7.55E+11
	LPG	14.33	24.56	7.34E+11
	炼厂干气	9.13	14.35	4.29E+11
	其他石油制品	62.31	81.67	2.44E+12
	能源输出总量	278.73	402.17	1.20E+13

根据炼油输入的原料能量和所消耗的工艺燃料，炼油综合能耗 EC_r 可表示为

$$EC_r = \sum (M_i LHV_i) + EC_{r0} \qquad (4-5)$$

式中，M_i 为每 1 MJ 原油的 i 耗能工质（能源）的实物消耗量，g/MJ；EC_{r0} 为每 1 MJ 的原油与外界交换的一次能源有效能量，MJ/MJ，输入的实物消耗量和有效热量计为正值，输出时为负值。

用表 4-34、表 4-35 中的数据根据式 4-5 计算美国和我国炼油厂柴油生产过程中的工艺燃料能源转化效率分别为 94.6%、93.98%，美国和我国柴油生产过程中工艺燃料能量消耗分别为 0.05708 MJ/MJ、0.06406 MJ/MJ。考虑工艺燃料生命周期一次能源转换效率，我国炼油厂柴油生产过程中一次能源消耗为 0.17349 MJ/MJ，一次能源转化效率为 85.22%。

表 4-36、表 4-37 是我国地方省市的炼油综合能耗限额标准，表 4-36 中标煤低热值为 29.308 MJ/kg，原油低热值为 42.05 MJ/kg；表 4-37 中石蜡基原料是指特性因数大于 12.1；中间基原料是指特性因数为 12.1～11.5；环烷基原料是指特性因数为 11.5～10.5，重质原料油是指相对密度在 0.9～1.0。可知目前我国炼油行业工艺燃料能量消耗在标准的限值之内。需要说明的是由于石油制品的炼制大多采用联产工艺，我国统计炼油的能量消耗并没有将汽油、柴油、煤油等单独列出，故在计算我国柴油生产过程中的能源转化效率时用整个炼

油工业的平均能源转化效率来表示，即表 4-35 中所有输出的油类产品其工艺燃料能源转化效率均以 93.98% 计算。

表 4-36 浙江省地方炼油综合能耗限额[18]

类 别	能耗限额	
	t 标煤/t 原油	MJ/MJ
炼油加工负荷 1000 万吨/年以上	0.086	0.05994
炼油加工负荷 500 万～1000 万吨/年	0.095	0.06621
炼油加工负荷 500 万吨/年以下	0.120	0.08363
平均能耗	0.10033	0.06993

表 4-37 山东省地方炼油综合能耗限额[19] （MJ/MJ）

年 度	2008	2010	2012
以石蜡基原油为原料的企业	0.08854	0.08031	0.07344
以中间基、环烷基原油加工为主的企业	0.09746	0.08991	0.08301
以重质原料油加工	0.11256	0.10433	0.09815
平均能耗	0.09952	0.09152	0.08488

4.4.2 炼油排放

炼油过程包含工艺燃料排放、炼油工艺过程排放，若要计算我国柴油提炼过程中的燃烧排放，必须详细统计出炼油过程各种工艺燃料使用的种类及数量，然后根据各种工艺燃料的使用排放因子计算总的炼油排放。对比表 4-34、表 4-35 可知，美国的统计数据有较为详细的工艺燃料使用种类及数量列表，而我国的统计数据较为粗略，只有总体的能源消耗情况。考虑到美国和我国柴油生产过程中的能源转化效率基本相当，分别为 94.6%、93.98%，使用美国各种工艺燃料的种类和比例将我国炼油行业的能量消耗（0.06406MJ/MJ）分配到各种工艺燃料，分配结果如表 4-38 所示。燃料燃烧排放假定炼油消耗的所有工艺燃料都是在工业锅炉中燃烧；蒸汽生产的废气排放采用热力生产的排放因子（见表 4-8）。

表 4-38 我国炼油厂生产柴油的工艺燃料消耗

类　别	煤炭 /J·MJ^{-1}	原油 /J·MJ^{-1}	天然气 /J·MJ^{-1}	能源合计 /J·MJ^{-1}	比例 /%
煤炭	89	1	0	90	0.14
柴油	7	494	50	550	0.86
燃料油	39	2598	262	2910	4.54
天然气	0	0	29110	29110	45.44
石油焦	15	1082	109	1200	1.88
LPG	0	0	2357	2360	3.68
蒸汽生产	0	0	1810	1810	2.82
电力生产	7765	554	2069	10390	16.22
催化剂	4	1	34	40	0.06
其他石化燃料	0	0	15611	15610	24.37
一次能源消耗小计	7919	4738	51381	64060	100

在炼油工艺流程中，假定所有的催化裂化单元都有 CO 锅炉和静电沉积器，CO 和 HC 在 CO 锅炉燃烧完全转化为 CO_2；蒸汽回收系统用于控制放空系统的排放，HC 放空排放假定都转化为 CO_2，每 1kg 原油有 1.86g HC 排放[7]，若 HC 都转化为 CO_2，设 HC 的碳含量为 0.866，则在炼油工艺过程每 1kg 原油将排放 5.11g CO_2；忽略真空蒸馏塔的排放，假定克劳斯回收厂回收废气中 98.6% 的硫，则生产每 1kg 硫生成 SO_x 为 29g[7]；逸散排放为每 1kg 原油进入炼油厂产生 THC 为 0.97g。根据工艺燃料燃烧（见表 4-2）、生产（见表 4-6）的排放可以计算炼油过程中的工艺燃料燃烧排放、工艺燃料生产排放、工艺流程排放，计算结果如表 4-39 所示，表中工艺流程排放因子来自于文献 [7]。

表 4-39 炼油工艺燃料排放　　　　　　　　（g/GJ）

类别	工艺燃料 燃烧排放	工艺燃料 生产排放	工艺流程 排放	炼油排放 合计
VOC	0.1187	0.0754	—	0.1942
CO	1.60	0.0793	0.3397	2.02
NO_x	6.41	0.3485	2.57	9.33

续表 4-39

类　别	工艺燃料 燃烧排放	工艺燃料 生产排放	工艺流程 排放	炼油排放 合计
PM_{10}	0.3840	0.0556	—	0.4396
$PM_{2.5}$	0.2960	0.0000	4.99	5.29
SO_x	27.52	2.77	17.67	47.97
CH_4	0.0607	13.96	0.0566	14.08
N_2O	0.0647	0.0022	—	0.0668
CO_2	4174.58	193.72	385.38	4753.68
温室气体	4198.77	487.64	386.79	5073.20

4.5　柴油运输能量消耗和排放

4.5.1　柴油运输能量消耗

　　运输的能量消耗和排放与运输方式和运输距离有关，对柴油运输而言，运输方式及各种运输方式比例采用表 4-28 的数据，2005 年我国柴油的消耗总量[6]（运输量）为 109.73Mt，柴油铁路、水路、管路运输量如表 4-40[15] 所示；柴油管路、铁路、水路运输平均运距分别为 168km（见表 4-27）、935km、431km（见表 4-30）。柴油管道运输需要用电能提供动力，考虑到生产电能的一次能源转换效率为 31.05%，则柴油管道运输一次能源能量消耗[7,17] 为 0.13259MJ/(t·km)，结合柴油管道运输平均运距 168km，其管道运输一次能源能量消耗为 0.00052MJ/MJ，能源转化效率为 99.95%。我国（如表 4-41 所示）和美国柴油运输一次能源消耗为 0.00114MJ/MJ、0.00625MJ/MJ，即柴油运输一次能源效率分别为 99.89%、99.4%。而我国柴油运输工艺燃料消耗为 0.00105MJ/MJ，能源效率为 99.89%。

表 4-40　我国部分公司柴油铁路、水路、管路运输量统计[15]

运输总量 /Mt	铁路运输		管路运输		水路运输	
	运输量 /Mt	百分比 /%	运输量 /Mt	百分比 /%	运输量 /Mt	百分比 /%
109.73	16.02	14.6	80.98	73.8	12.73	11.6

表 4-41　我国柴油运输综合能量消耗

类别	货 运 量		平均运距	单位能量消耗		综合能量消耗
单位	%	Mt	km	kJ/(km·t)	J/MJ	kJ/MJ
铁路	14.6	16.02	935	140.76	3100	
管道	73.8	80.98	168	132.59	520	1.14
水路	11.6	12.73	431	252	2560	

4.5.2　柴油燃料运输环节气体排放

根据柴油运输方式、运输距离、各种运输方式的工艺燃料消耗量及其排放因子，可以计算出柴油在国内周转运输的排放情况，如表 4-42 所示，表中美国所消耗柴油运输产生的气体排放来自文献[7]。

表 4-42　我国柴油运输的排放及与美国的对比

类　别		国内铁路	国内管路	国内水路	国内运输	美国国内
运输比例/%		14.6	73.8	11.6	—	—
排放 /g·GJ^{-1}	VOC	0.1275	0.0133	0.0271	0.0316	0.3578
	CO	0.3130	0.0216	0.0435	0.0667	0.9384
	NO$_x$	2.75	0.4419	0.6376	0.8016	3.01
	PM$_{10}$	0.0968	0.0252	0.0529	0.0389	0.3016
	PM$_{2.5}$	0.0690	0.0095	0.0000	0.0171	0.8003
	SO$_x$	5.46	5.20	3.67	5.06	1.3249
	CH$_4$	0.4896	0.4269	0.3669	0.4291	0.4899
	N$_2$O	0.0035	0.0005	0.0016	0.0011	0.0295
	CO$_2$	264.54	173.06	272.28	197.92	429.62
	温室气体	277.05	183.87	280.68	208.97	450.65

比较上述分析发现，我国柴油运输一次能源消耗及排放情况低于美国，主要是因为美国在计算所用柴油运输方式只有管道运输和载货汽车公路运输两种情况，而我国统计资料显示柴油运输方式主要是铁路、水路、管路运输，而且运输距离也会造成一次能源消耗及排放的

显著差异。通过比较也发现，我国和美国柴油运输一次能源消耗及排放差异在合理的范围内，从而也说明分析结果是正确的。

4.6 柴油 WTT 结果

以上分析了原油开采、运输、炼油、柴油运输各环节的能量消耗和气体排放。在分析上述各环节的能量消耗和气体排放时，都是以该环节能量输入、输出为基准进行计算，能量消耗如表 4-43 所示。比如分析原油运输环节的一次能源转化效率为 99.43%，考虑上游原油开采环节 90.67% 的能源转化效率，则以原油开采为始点，原油运输到炼油厂的一次能源转化效率为 90.15%。当在 WTT 阶段输出 1GJ的柴油到车辆燃油箱时，考虑从原油开采到柴油运输各环节的能量消耗和气体排放，则由式 3-11、式 3-12 可得柴油 WTT 阶段的能量消耗和气体排放，如表 4-44 所示。

表 4-43　柴油各环节能量消耗及能源转化效率

类　　别		原油开采	原油运输	炼油	柴油运输
各分环节	工艺燃料转化效率/%	94.07	99.51	93.98	99.89
	工艺燃料能量消耗/GJ·GJ^{-1}	0.06323	0.00489	0.06406	0.00105
	一次能源转化效率/%	90.67	99.43	85.22	99.89
	一次能源消耗/GJ·GJ^{-1}	0.10314	0.00575	0.17349	0.00114
WTT 从上游环节开始累计	工艺燃料转化效率/%	94.07	93.61	87.97	87.88
	工艺燃料能量消耗/GJ·GJ^{-1}	0.06304	0.06827	0.13670	0.13795
	一次能源转化效率/%	90.67	90.15	76.83	76.74
	一次能源消耗/GJ·GJ^{-1}	0.10290	0.10922	0.30160	0.30303

表 4-44　柴油在 WTT 阶段的排放　　（g/GJ）

类　　别	原油开采	原油运输	炼油排放	柴油运输	柴油输出
VOC	3.15588	0.4137	0.1942	0.0316	3.79538
CO	3.10515	1.71	2.02	0.0667	6.90185
NO$_x$	14.56961	11.22	9.33	0.8016	35.92121
PM$_{10}$	1.3805	0.3945	0.4396	0.0389	2.2535

类　别	原油开采	原油运输	炼油排放	柴油运输	柴油输出
$PM_{2.5}$	2.6405	0.2809	5.29	0.0171	8.2285
SO_x	114.92	13.82	47.97	5.06	181.77
CH_4	119.54725	0.7138	14.08	0.4291	134.77015
N_2O	0.27189	0.0096	0.0668	0.0011	0.34939
CO_2	6727.97	646.15	4753.68	197.92	12325.72
温室气体	7350.6	666.3	5073.2	208.97	13299.07

　　柴油燃料 WTT 阶段表 4-43、表 4-44 的分析结果采用了文献中的柴油的能量消耗和排放数据，将表 4-43、表 4-44 代入柴油 WTT 阶段各环节中进行迭代计算，迭代 3 次后迭代误差小于 1%，经迭代后的柴油燃料 WTT 阶段能量消耗、能量转化效率和排放结果如表 4-45 所示。对比表 4-43 ~ 表 4-45 可知，采用文献数据对能量转化效率影响不大，而对排放影响较大，比如迭代前 CH_4 排是迭代后的 3.66 倍，主要原因是不同年度柴油生产过程使用的工艺燃料不同所致。以上分析说明，使用已有文献数据通过迭代计算可以提高计算精度。

表 4-45　迭代计算后柴油在 WTT 阶段的能量消耗、效率和排放

类　别		原油开采	原油运输	炼油排放	柴油运输	柴油输出
一次能源转化效率/%		90.68	99.43	85.27	99.89	76.79
一次能源消耗/GJ·GJ^{-1}		0.10278	0.00573	0.17275	0.00110	0.30213
排放 /g·GJ^{-1}	VOC	2.47	0.4026	0.1942	0.0292	3.09
	CO	3.11	1.69	2.02	0.0669	6.89
	NO_x	14.38	11.0037	9.3327	0.7804	35.49
	PM_{10}	1.35	0.3862	0.4396	0.0363	2.22
	$PM_{2.5}$	2.68	0.2799	5.2869	0.0212	8.27
	SO_x	109.26	13.20	47.97	4.44	174.86
	CH_4	21.63	0.7093	14.0787	0.4251	36.84
	N_2O	0.2722	0.0094	0.0668	0.0011	0.3496
	CO_2	6640.28	627.80	4753.68	188.29	12210.05
	温室气体	7262.06	646.80	5073.20	199.25	13181.31

4.7 本章小结

本章主要介绍了柴油燃料生产过程中各个环节工艺燃料燃烧和蒸发泄漏造成的能量消耗和气体排放，主要结果如下：

（1）进行柴油燃料 WTT 阶段能量消耗、能量转化效率和排放分析时，因存在能量或燃料循环使用的情况，此时以文献数据作为分析的初始输入，然后用分析结果进行迭代计算以提高分析精度。

（2）我国原油开采一次能源转化效率 90.68%（能量消耗为 102.78MJ/GJ），等效 CO_2 排放为 7.26kg/GJ。由于我国电能生产的等效 CO_2 排放较高，而原油开采消耗的能量 23.1% 是电能，与美国相比，我国等效 CO_2 排放较高，特别是当美国使用 CO_2 注射强化开采原油时，生产 1kg 原油需注射 2.3kg CO_2，可大量减少 CO_2 排放。

（3）我国原油运输一次能源转化效率 99.43%（能量消耗为 5.73MJ/GJ），等效 CO_2 排放为 0.646kg/GJ。由于原油产地、进口地以及炼油厂位置的不同，故不同国家地区的分析结果有很大差异，不具有通用性。

（4）我国炼油一次能源转化效率 85.27%（能量消耗为 172.75MJ/GJ），等效 CO_2 排放为 5.07kg/GJ。

参 考 文 献

[1] 张继春. 点燃式天然气掺氢发动机燃烧特性研究 [D]. 北京：北京航空航天大学，2007.

[2] 张亮. 车用燃料煤基二甲醚的生命周期能源消耗、环境排放与经济性研究 [D]. 上海：上海交通大学，2007.

[3] Wang M Q. GREET1.5-Transportantation Fuel-Cycle Model Volume 1：Methodology, Development, Use and Results [R]. Center for Transportation Research, Energy Systems Division, Argonne National Laboratory, 1999.

[4] GB/T 19233—2008. 轻型汽车燃料消耗量试验方法 [S]. 北京：中国标准出版社，2008.

[5] 蒋德明. 内燃机燃烧与排放学 [M]. 1 版. 西安：西安交通大学出版社，2001.

[6] 国家统计局工业交通统计司. 中国能源统计年鉴 2006 [Z]. 北京：中国统计出版社，2007.

［7］Sheehan J, Camobreco V, Duffield J, et al. Life Cycle Inventory of Biodiesel and Petroleum Diesel for Use in an Urban Bus ［R］. Golden, Colorado: U. S. Department of Agriculture and U. S. Department of Energy, 1998.

［8］Energy Information Administration. Natural Gas Annual 1996, DOE/EIA-0131 (96) ［R］. Washington, D C: U. S. Department of Energy, 1997.

［9］BP 世界能源统计 ［Z］. 2006.

［10］Calhau K R, Goncalves G A, Farias T L. Environmental Impact of Hydrogen in Urban Transports: Renewables 2004- New and Renewable Energy Technologies for Sustainable Development ［Z］. Évora, Portugal: 2004.

［11］谢新连, 高峰, 滕亚辉, 等. 进口原油运输船型经济性分析 ［J］. 中国航海, 2001, (01): 77~83.

［12］高有山, 王爱红. 原油运输能量消耗及气体排放分析 ［J］. 机械工程学报, 2012, 48 (20): 147~152.

［13］Eia. Emissions of Greenhouse Gases in the United States in 1996 ［R］. Washington, D C:, DOE/EIA-0573 (96), U. S. Department of Energy, 1997.

［14］Energy Information Administration. Petroleum Supply Annual 1996, Volume 1, DOE/EIA-0340 (96) /1 ［R］. Washington, DC: U. S. Department of Energy, 1997.

［15］中国交通年鉴社编辑. 中国交通年鉴 2005 ［Z］. 北京: 中国交通年鉴社, 2006.

［16］国家统计局工业交通统计司. 中国统计年鉴 2006 ［Z］. 北京: 中国统计出版社, 2006.

［17］Banks W F. Energy Consumption in the Pipeline Industry. SAN-1171-1/3 ［R］. Systems, Science, and Software, LaJolla, CA: the U. S. Department of Energy, 1997.

［18］DB33/643—2007. 炼油综合能耗限额与计算方法 ［S］. 浙江: 浙江省质量技术监督局, 2008.

［19］DB37/754—2007. 石油炼制业能耗限额 ［S］. 山东: 山东省质量技术监督局, 2007.

第5章 天然气及氢燃料 WTT 阶段能量消耗和排放分析

分析车用 CNG 及 HCNG 燃料生命周期 WTT 阶段从天然气开采到天然气制氢的能量消耗和排放，主要包括天然气开采、净化处理、运输储存环节以及天然气制氢、压缩或液化、运输、储存等环节。

5.1 天然气开采能量消耗和排放分析

气体排放主要由钻井、集气站、净化厂和增压站的排放及泄漏组成。天然气处理厂一般建立在天然气产地附近，通过管道将开采的天然气运输到处理厂，然后将高品质的液体燃料（比如丙烷、丁烷）和天然气分离，并除去天然气中的 CO_2、硫化物和水分。净化后的 NG 通过管路运输到各 NG 加气站经压缩后形成 CNG 进行销售。NG 及 HCNG 燃料 WTT 阶段生产流程参见图 3-2、图 3-3。本章 NG 管路运输，CNG 和 LNG 公路、铁路运输的平均运距皆为 818km（见表 4-27），以后不再说明。

2000~2005 年我国消耗的天然气都是国内生产，也有少量天然气出口，如表 5-1 所示。天然气开采一次能源转换效率为 90.67%，即开采的能量消耗为 0.10314MJ/MJ，工艺燃料排放见表 4-14（详细计算过程见第 4 章 4.2.1 节国内原油天然气开采能源消耗和工艺燃料燃烧排放）。天然气生产形成的 CH_4 通风排放因子、开采和分离过程中的 CH_4 排放因子、由于燃炬而产生的排放因子分别见表 4-20、表 4-21、表 4-24。综合以上的天然气排放数据，则天然气开采环节的排放如表 5-2 所示。

表 5-1 我国 2000~2005 年天然气统计[1,2] （Gm³）

年度	2000	2001	2002	2003	2004	2005	2006	2007
产 量	27.2	30.33	32.66	35.015	41.46	49.32	58.5	69.2
消费量	24.5	27.43	29.18	33.91	39.67	46.76	55.86	70.05

年度	2000	2001	2002	2003	2004	2005	2006	2007
出口量	3.14	3.04	3.2	1.873	2.44	2.97	2.64	—

表 5-2 天然气开采环节的排放[3] （g/GJ）

分 类	NG 开采 非燃烧排放	工艺燃料 燃烧排放	工艺燃料 生产排放	开采排放
VOC	0.01686	0.6534	0.1769	0.8471
CO	0.17536	2.61	0.12	2.91
NO_x	0.3298	20.99	1.35	22.67
PM_{10}	0.02495	2.37	0.14	2.53
$PM_{2.5}$	0.02495	1.34	0.00	1.37
SO_x	0	179.97	19.05	199.02
CH_4	213.28	14.01	5.85	233.15
N_2O	0.00742	0.0767	0.0053	0.0895
CO_2	415.06	8862.56	556.53	9834.14
温室气体	425.53	9235.00	681.09	10341.62

　　四川盆地丘陵地区（主要包括龙泉山以东、华蓥山以西的川中丘陵地区，以及华蓥山以东的川东开行岭谷区）天然气开采阶段从钻井、集气站、净化厂和增压站产生的气体排放如表 5-3 所示，对比全国统计的 NG 开采排放（见表 5-2）和四川盆地丘陵地区的 NG 开采排放（见表 5-3），可知 WTW 的分析结果有很强的区域性。

表 5-3 四川盆地丘陵地区天然气开采气体排放[4]

废气排放量/$m^3 \cdot GJ^{-1}$	废气中主要污染物外排量/$g \cdot GJ^{-1}$				
	SO_2	NO_x	CH_4	CO	CO_2
0.0004	11.65	4.47	8.28	0.4334	6528.21

5.2 天然气压缩环节能量消耗和排放分析

5.2.1 天然气压缩能量消耗

　　当 NG 在产地附近经过净化处理后，通过管道运输到气站，以电动机或天然气往复式内燃机为动力对 NG 进行压缩形成 CNG 供车辆使用。要获得车载 CNG 20MPa 的压力，加气站储气罐的 CNG 压力一般在 24.8MPa 左右，则在初始阶段储气罐的 CNG 压力应达到 27.6MPa，当冷却以后才可保持储气罐的 CNG 压力在 24.8MPa[5]。故在本书分析中，加气站将 NG 从 0.101MPa（1 个大气压）压缩到 27.6MPa。

压缩过程中的能量消耗及效率分别以下式计算[7]

$$CPW = N \frac{k}{k-1} MRTZ \left[\left(\frac{P_2}{P_1} \right)^{\frac{k-1}{Nk}} - 1 \right] \tag{5-1}$$

$$CP\eta = \frac{FD}{FD + \dfrac{CPW}{CE \times EE}} \tag{5-2}$$

式中，CPW 为压缩功率，W；N 为压缩级数（NG 时为 4，GH_2 时为 3）；k 为相对比热容，NG 时为 1.32，H_2 时为 1.41；M 为质量流量，kg/s；R 为气体常数，J/(kg·K)，NG 时为 518，H_2 时为 4124；T 为环境温度，K；Z 为压缩因子，NG 时为 0.95，H_2 时为 1.2；P_2 为终了压力，Pa；P_1 为起始压力，Pa；FD 为单位时间压缩燃料的能量，kW；CE 为压缩传动效率，可取为 70%；EE 为发动机效率或电动机效率，一般为 90%~92%。

由于很多 CNG 加气站规模比较小，一般采用电动压缩机，随着 CNG 使用量的增加，为提高经济效益，以 NG 发动机为动力的大型的 CNG 加气站将逐渐增多。本书假定电动压缩机和以 NG 往复式发动机为动力的压缩机各占 NG 运输量的 50%。

由于 NG 往复式发动机在压缩 NG 时在固定工况下稳定工作，假定电动机和 NG 往复式发动机的效率分别为 90% 和 35%，从发动机或电动机到 NG 压缩机有 30% 的功率损失[5]，根据 Stodolsky 建立的基于热力学的 CNG 压缩效率[6]，则由式 5-1、式 5-2 可计算出电动压缩机和 NG 往复式发动机在压缩过程中的工艺能量消耗分别为 0.03519 MJ/MJ（压缩效率为 96.6%）和 0.09051MJ/MJ（压缩效率为 91.7%）。NG 压缩过程能量消耗如表 5-4 所示。

5.2.2 天然气压缩气体排放

考虑电力（见表 4-8）和 NG（见表 4-2、表 4-4）工艺燃料生产及使用的排放，计算可得 NG 压缩过程中的排放，如表 5-4 所示。

表 5-4 NG 压缩过程中的能量消耗、能量转化效率和排放

分　类		NG 发动机压缩	电动 NG 压缩	压缩平均值
比例/%		50	50	100
一次能源转化效率/%		90.92	89.82	90.37
一次能源消耗/GJ·GJ^{-1}		0.09982	0.11333	0.10658
工艺燃料转化效率/%		91.7	96.6	94.15
工艺燃料消耗/GJ·GJ^{-1}		0.09051	0.03519	0.06285
排放/g·GJ^{-1}	VOC	0.0887	0.8973	0.4930
	CO	6.72	1.46	4.09
	NO$_x$	13.49	29.90	21.70
	PM$_{10}$	1.01	1.71	1.36
	PM$_{2.5}$	0.0000	0.6405	0.3202
	SO$_2$	1.48	351.90	176.69
	CH$_4$	21.95	28.89	25.42
	N$_2$O	0.1747	0.0352	0.1049
	CO$_2$	5392.95	11711.23	8552.09
	温室气体	5912.66	12443.18	9177.92

5.3 天然气液化能量消耗和排放分析

天然气常态是气态，液化后天然气体积是原来气态时的 1/625 左右，所以采用 LNG 的形式对天然气的存储、运输有着显著的优越性。

5.3.1 天然气液化能量消耗

要液化的 NG 必须去除其中的水、CO$_2$、硫化物等。净化后的 NG 通过与冷冻机热交换达到 -163℃ 以下时成为液体；NG 也可在高压下通过快速膨胀循环冷却到 -163℃ 以下成为液体。在天然气液化工厂需要大量的能量进行压缩冷冻，可以用蒸汽锅炉、蒸汽轮机、汽轮机或电动机提供液化能量，技术条件较好的工厂一般采用热效率较高的汽轮机甚至是联合循环汽轮机（在直接提供液化能量的同时将余热用来发电供电动机使用）。采用文献［8］的数据，LNG 工厂液化的工艺燃料能量消耗为 0.11111MJ/MJ，效率为 90%，则一次能源能量消耗为 0.12254MJ/MJ，效率为 89.08%。

5.3.2　天然气液化气体排放

在 LNG 工厂使用 NG 作为工艺燃料方便经济，根据上述分析 LNG 工厂液化的能量消耗为 0.11111MJ/MJ，则天然气压缩时的排放如表 5-5 所示。

表 5-5　NG 液化过程中的排放　　　　　　（g/GJ）

分　类	NG 燃烧	NG 生产	合　计
VOC	0.2244	0.0133	0.2378
CO	3.03	0.1278	3.16
NO_x	7.48	0.3022	7.78
PM_{10}	0.3633	0.0211	0.3844
$PM_{2.5}$	0.3633	0.0000	0.3633
SO_2	0.0444	1.78	1.82
CH_4	0.1156	24.51	24.62
N_2O	0.1156	0.0033	0.1189
CO_2	6481.54	242.66	6724.20
温室气体	6522.16	758.44	7280.59

5.4　天然气运输能量消耗和排放分析

5.4.1　天然气管路运输能量消耗和排放

NG 可采用管道进行大规模运输，由表 4-27 可知我国 2005 年管道运输天然气 37.41Mt，而同期天然气产量为 35.02Mt（49.3Gm³），可见我国天然气运输主要是采用管道运输方式。天然气管道运输平均压力为 7.5MPa，管道运输能量消耗为 0.03093MJ/MJ，即能量转化效率为 97%[5]，则一次能源消耗为 0.03411MJ/MJ，能量转化效率为96.7%。天然气管道运输消耗的工艺燃料是天然气，其排放如表 5-6所示。

表 5-6　天然气管道运输工艺燃料排放　　（g/GJ）

分　类	工艺燃料生产	工艺燃料燃烧	合　计
VOC	0.0037	0.0625	0.0662
CO	0.0356	0.84	0.88
NO_x	0.0841	2.08	2.17
PM_{10}	0.0059	0.1011	0.1070
$PM_{2.5}$	0	0.1011	0.1011
SO_2	0.49	0.0124	0.51
CH_4	6.82	0.0322	6.85
N_2O	0.0009	0.0322	0.0331
CO_2	67.55	1804.28	1871.83
温室气体	211.13	1815.59	2026.72

5.4.2　CNG 公路运输能量消耗和排放

在 20MPa 的储存压力下，平均运输 1kg 的 NG 需装备储存设备及车体质量 10kg；根据 2006 年统计年鉴数据，柴油货车运输能耗为6L/(100t·km)，则 NG 公路运输工艺燃料能量消耗为 0.37315MJ/MJ，能量转化效率为 72.83%；一次能源能量消耗为 0.48625MJ/MJ，能量转化效率为 67.28%。在公路运输过程中所消耗的柴油燃料其生产及燃烧产生的排放如表 5-7 所示，表中及以后计算用到柴油工艺燃料生产的能量消耗和排放数据皆用本书柴油 WTT 分析的结果（见表4-45）。

表 5-7　CNG 公路运输产生的排放　　（g/GJ）

分　类	工艺燃料生产	工艺燃料燃烧	合　计
VOC	1.15	31.83	32.98
CO	2.57	176.84	179.41

分　类	工艺燃料生产	工艺燃料燃烧	合　计
NO_x	13.24	106.10	119.35
PM_{10}	0.83	15.39	16.22
$PM_{2.5}$	3.08	0	3.08
SO_2	65.25	7.02	72.26
CH_4	13.75	1.56	15.31
N_2O	0.1304	0.7090	0.84
CO_2	4556.18	27613.10	32169.28
温室气体	4918.60	27874.31	32792.91

5.4.3　CNG 铁路运输能量消耗和排放

　　假设铁路运输 CNG 采用储存压力为 20MPa 的气罐，平均运输 1kg 的 CNG 需装备储存设备质量 7.32kg；60t 的运载总质量 NG 装载质量为 7209.57kg；取铁路平车的自重系数（车辆自重质量/装载质量）为 1/3，车罐满载总质量为 80t。铁路运输平均能源强度为 0.08062MJ/(t·km)，则 CNG 铁路运输工艺燃料能量消耗为 0.01552MJ/MJ，能量转化效率为 98.47%；一次能源能量消耗为 0.0271MJ/MJ，能量转化效率为 97.36%。CNG 铁路运输过程中的气体排放如表 5-8 所示。

表 5-8　CNG 铁路运输过程中排放

分　类		内燃机车		电力机车	合　计
比例/%		38.7		61.3	100
工艺燃料		柴油燃烧排放	柴油生产排放	电力生产	—
排放 /g·GJ⁻¹	VOC	1.16	0.0480	0.3958	1.60
	CO	3.14	0.1069	0.6441	3.89
	NO_x	25.44	0.5508	13.19	39.18
	PM_{10}	0.7558	0.0344	0.7527	1.54
	$PM_{2.5}$	0.6802	0.1283	0.2825	1.09

分 类		内燃机车		电力机车	合 计
排放 /g·GJ^{-1}	SO$_2$	0.2918	2.71	155.20	158.21
	CH$_4$	0.0579	0.5717	12.74	13.37
	N$_2$O	0.0295	0.0054	0.0155	0.05
	CO$_2$	1150.03	189.50	5165.06	6504.59
	温室气体	1160.90	204.57	5487.87	6853.34

5.4.4 LNG 公路运输能量消耗和排放

将 NG 冷却至−163℃液化后再利用槽罐车运输可提高运输效率。低温 LNG 槽车的绝热形式主要采用真空粉末绝热与高真空多层绝热。为计算 LNG 运输环节储存容器的重量，表 5-9 [9] 列出了有效容积大致相同的真空粉末绝热与高真空多层绝热槽车外形尺寸与重量。设真空粉末绝热与高真空多层绝热槽车各占 50%，平均运输 1kg 的 LNG 需装备槽罐设备及车体质量 5.16kg；根据柴油车运输能耗为 6L/(100t·km)，则 LNG 公路运输工艺燃料能量消耗为 0.18016MJ/MJ，能量转化效率为 84.73%；一次能源能量消耗为 0.23477MJ/MJ，能量转化效率为 80.99%。LNG 公路运输气体排放如表 5-10 所示。

表 5-9　真空粉末绝热与高真空多层绝热槽车的外形尺寸与重量的比较[9]

项 目	真空粉末绝热	高真空多层绝热
槽车的型号	ZQZ5250CDY	ZQZ5241CDY
总长/mm	11190	10580
总宽/mm	2480	2480
总高/mm	3110	3150
空重/kg	16410	14395
有效容积/m^3	11	12
工作压力/MPa	0.8	0.8
NG 质量/kg	4710.20	5138.40
NG 能量/MJ	236263.63	257742.14

续表 5-9

项　　目	真空粉末绝热	高真空多层绝热
槽罐满载总质量/kg	21120.20	19533.40
槽车总质量/kg	26120.20	24533.40
总质量/NG 质量	5.55	4.77
槽罐满载总质量/NG 质量	4.48	3.80

表 5-10　LNG 公路运输排放　　　　　　　（g/GJ）

分　类	柴油燃烧排放	柴油生产排放	合　计
VOC	15.37	0.5576	15.93
CO	85.38	1.2412	86.62
NO_x	51.23	6.3943	57.62
PM_{10}	7.4316	0.3991	7.83
$PM_{2.5}$	0.0000	1.4892	1.49
SO_2	3.3870	31.50	34.89
CH_4	0.7531	6.6369	7.39
N_2O	0.3423	0.0630	0.41
CO_2	13331.84	2199.76	15531.60
温室气体	13457.95	2374.74	15832.70

5.4.5　LNG 铁路运输能量消耗和排放

设深冷 LNG 铁路槽车亦采用真空粉末绝热与高真空多层绝热，槽罐满载总质量与 NG 装载质量的比值为 4.14（如表 5-9 所示）。当用铁路运输时，60t 的槽罐满载总质量 NG 装载质量为 3012.45kg。取铁路平车的自重系数（车辆自重质量与装载质量的比值）为 1/3，车槽满载总质量为 80t；铁路运输平均工艺燃料能源强度 0.08062MJ/（t·km），一次能源强度 0.14076MJ/（t·km），则 LNG 铁路运输工艺燃料能量消耗为 0.00724MJ/MJ，能量转化效率为 99.28%；一次能源能量消耗为 0.01263MJ/MJ，能量转化效率为 98.75%。LNG 铁路运输过程中的气体排放如表 5-11 所示。

表 5-11 LNG 铁路运输过程中的排放

分 类		内燃机车		电力机车	合 计
比例/%		38.7		61.3	100
工艺燃料		柴油燃烧排放	柴油生产排放	电力生产	—
排放 /g·GJ^{-1}	VOC	0.54	0.0224	0.1846	0.75
	CO	1.46	0.0499	0.3005	1.81
	NO$_x$	11.87	0.2570	6.15	18.28
	PM$_{10}$	0.3526	0.0160	0.3511	0.72
	PM$_{2.5}$	0.3173	0.0598	0.1318	0.51
	SO$_2$	0.1361	1.27	72.40	73.80
	CH$_4$	0.0270	0.2667	5.94	6.24
	N$_2$O	0.0138	0.0025	0.0072	0.02
	CO$_2$	536.48	88.40	2409.47	3034.36
	温室气体	541.55	95.43	2560.06	3197.05

5.4.6 天然气 WTT 的非燃烧 CH$_4$ 排放

在天然气生产运输过程中除工艺燃料生产燃烧产生 CH$_4$ 外，还有逸散排放和通风排放（Vent emission）等非燃烧 CH$_4$ 排放。挥发排放主要是由密封面或管道腐蚀联结失效造成的；通风排放主要是在为满足操作工艺需要而设计的，比如维护放空、气动装置喷口等。不同文献关于 NG 生产、处理、运输、销售环节排放的 CH$_4$ 如表 5-12 所示，本书取其均值。

表 5-12 NG 在 WTT 阶段的 CH$_4$ 排放对比

项 目	GRI/EPA[12]	EIA[8]	GREET[8]	均 值
生产	74.63	47.11	68.74	63.49
处理	31.43	39.71	29.47	33.54
运输储存	104.10	104.87	53.03	87.33
销售	68.74	69.91	35.35	58.00
总 计	278.89	261.60	186.59	242.36

LNG 在储存运输时当吸收热能后将汽化挥发，为保证储存容器的安全，汽化的 NG 一般都排入大气中，在 LNG 在储存运输阶段汽化挥发量为 75.40g/GJ，且 NG 中 95% 为 CH_4[10]，则 LNG 在储存运输阶段 CH_4 汽化挥发量为 71.63g/GJ。

5.5　WTT 阶段 NG 燃料路线分析

NG 燃料在 WTT 阶段分析清单如表 5-13 所示，NG 从开采到使用阶段可形成的燃料路线如表 3-2 所示。不同燃料路线在 WTT 阶段的能量消耗和排放如表 5-14 所示，从表中可知，天然气燃料路线一次能源消耗从低到高依次为：NG 路线 1、5、3、2、4；在不考虑管道铺设的投入时，管路运输的一次能源消耗最低，特别是对大量长期的 NG 运输，NG 路线 1 是最佳方案；铁路运输低于公路运输能耗，由于天然气液化比压缩消耗的能量大，故天然气压缩后铁路运输是一个较好的方案；而 CNG 公路运输的一次能源消耗最高。从温室气体排放来考量，排放由低到高依次为：NG 路线 1、5、3、2、4，可知 NG 路线 4 无论从能源效率还是温室气体排放皆是最差方案，而 NG 路线 1 为最佳。

表 5-13　NG 燃料在 WTT 各阶段分析清单

分　类		开采	压缩	液化	运输
		NG	CNG	LNG	NG 管路
一次能源转化效率/%		90.67	90.37	89.08	96.70
一次能源消耗/GJ · GJ^{-1}		0.10314	0.10658	0.12254	0.03411
工艺转化效率/%		94.07	94.15	90	97.00
工艺能量消耗/GJ · GJ^{-1}		0.06323	0.06285	0.11111	0.03093
排放 /g · GJ^{-1}	VOC	0.8471	0.493	0.2378	0.0662
	CO	2.91	4.09	3.16	0.88
	NO_x	22.67	21.7	7.78	2.17
	PM_{10}	2.53	1.36	0.3844	0.107
	$PM_{2.5}$	1.37	0.3202	0.3633	0.1011
	SO_2	199.02	176.69	1.82	0.51

分　类		开采	压缩	液化	运输
		NG	CNG	LNG	NG 管路
排放 /g · GJ^{-1}	CH_4	233.15	25.42	24.62	6.85
	N_2O	0.0895	0.1049	0.1189	0.0331
	CO_2	9834.14	8552.09	6724.2	1871.83
	温室气体	10341.62	9177.92	7280.59	2026.72

分　类		运　输			
		CNG 公路	CNG 铁路	LNG 公路	LNG 铁路
一次能源转化效率/%		67.28	97.36	80.99	98.75
一次能源消耗/GJ · GJ^{-1}		0.48625	0.02710	0.23477	0.01263
工艺转化效率/%		72.83	98.47	84.73	99.28
工艺能量消耗/GJ · GJ^{-1}		0.37315	0.01552	0.18016	0.00724
排放 /g · GJ^{-1}	VOC	32.98	1.6	15.93	0.75
	CO	179.41	3.89	86.62	1.81
	NO_x	119.35	39.18	57.62	18.28
	PM_{10}	16.22	1.54	7.83	0.72
	$PM_{2.5}$	3.08	1.09	1.49	0.51
	SO_2	72.26	158.21	34.89	73.8
	CH_4	15.31	13.37	7.39	6.24
	N_2O	0.84	0.05	0.41	0.02
	CO_2	32169.28	6504.59	15531.6	3034.36
	温室气体	32792.91	6853.34	15832.7	3197.05

表 5-14　天然气 WTT 阶段不同燃料路线的能量消耗、能量转化效率及排放

编　号	1	2	3	4	5
一次能源转化效率/%	79.23	59.12	72.08	49.82	72.09
一次能源消耗/GJ · GJ^{-1}	0.26208	0.69161	0.38738	1.00725	0.38710
工艺转化效率/%	85.91	67.54	79.14	60.73	82.11
工艺能量消耗/GJ · GJ^{-1}	0.16401	0.48064	0.26364	0.64664	0.21788

编　　号		1	2	3	4	5
排放 /g·GJ^{-1}	VOC	1.41	17.01	2.3279	34.32	2.9401
	CO	7.88	92.69	11.97	186.41	10.89
	NO$_x$	46.54	88.07	70.43	163.72	83.55
	PM$_{10}$	4.00	10.74	4.9944	20.11	5.43
	PM$_{2.5}$	1.79	3.22	2.5635	4.7702	2.7802
	SO$_2$	376.22	235.73	451.33	447.97	533.92
	CH$_4$	501.48	514.85	597.12	509.94	508
	N$_2$O	0.2275	0.6184	0.3333	1.0344	0.2444
	CO$_2$	20258.06	32089.94	28144.79	50555.51	24890.82
	温室气体	32862.86	45145.47	43172.11	63612.26	37663.65

5.6 氢 WTT 分析

5.6.1 工厂天然气集中制氢能量消耗和排放

　　NG 在一定温度、压力下通过氧化锰及氧化锌脱硫剂，将有机硫、H$_2$S 脱至 0.2×10^{-4}% 以下，以消除硫对蒸汽重整催化剂的毒化影响。水蒸气作为氧化剂加入脱硫后的 NG 原料气中，经过预加热后在催化剂的作用下将烃类物质转化为制取氢气的原料气。由于该过程为吸热反应，所需热量由部分 NG 在外部燃烧产生，制氢消耗 NG 总量的 24%～25% 作为燃料使用[5,11]。

5.6.1.1 天然气工厂集中制氢能量消耗

　　在制氢过程中将产生大量的蒸汽，制氢工厂内部工艺流程使用一部分蒸汽，剩余部分可以输送到其他化工厂或用来发电。由于制氢工厂有可能远离化工厂，所以假定 50% 的制氢工厂将剩余蒸汽输出到附近的化工厂。文献［12］研究认为有蒸汽输出回收利用和无蒸汽输出回收利用时制氢效率为分别在 82%～86%、61%～73% 范围内。在大型天然气制氢工厂中，输出 1MJ H$_2$ 需输入 NG 总量为 1.528MJ，其中 1.16MJ 作为蒸汽重整原料，0.3667MJ 作为工艺燃料，同时产生

0.312MJ 的蒸汽，则 NG 重整制氢当有蒸汽输出时能量转化效率为 85.86%，无蒸汽输出时能量转化效率为 65.45%[8]。根据前面假设 50% 的制氢工厂将剩余蒸汽输出到附近的化工厂，则平均制氢效率为 75.65%。天然气制氢能量消耗及转化效率如表 5-15 所示，由表中 75.65% 的平均制氢效率可计算出 H_2 生产的能量消耗为 0.32188MJ/MJ，转化为一次能源能量消耗为 0.355MJ/MJ，能源转化效率为 71.2%。

表 5-15　天然气制氢能量消耗及转化效率[12]

项　　目	数　　值
输入 NG/ MJ	1.528
重整原料 NG/ MJ	1.16
工艺燃料 NG/ MJ	0.3667
制氢/ MJ	1
蒸汽输出/ MJ	0.3120
有蒸汽输出制氢效率/ %	85.86
无蒸汽输出制氢效率/ %	65.45
平均制氢效率/ %	75.65

5.6.1.2　天然气工厂集中制氢气体排放

在天然气蒸汽重整制氢的排放计算时假定 CH_4 中的 C 完全转化为 CO_2，并按下式计算

$$CH_4 + 2H_2O \Longrightarrow 4H_2 + CO_2 \tag{5-3}$$

则由上式知 1kg 天然气（天然气分子量 15.91，甲烷分子量 16.04，二者近似相等）将生成 2.75kg CO_2，即在催化重整过程中每输出 1MJ 的 H_2 将生成 63.67g CO_2。天然气蒸汽重整制氢时单位 H_2 输出的工艺燃料（NG）消耗为 0.3667MJ/MJ，工艺燃料的排放包括 NG 燃烧时产生的排放和 NG 生产过程中生成的排放，分别由表 4-2 中的 NG 燃烧排放因子和表 4-6 中的 NG 生产排放因子计算，计算结果如表 5-16 所示，则考虑催化重整过程中生成的 CO_2，天然气蒸汽重整制氢总的温室气体排放为 87.69kg/MJ。

表 5-16　天然气蒸汽重整制氢工艺燃料排放　　（g/GJ）

分　类	NG 燃烧排放	NG 生产排放	合　计
VOC	0.74073	0.04400	0.78474
CO	10.00	0.42171	10.42
NO_x	24.69	0.99742	25.69
PM_{10}	1.20	0.06967	1.27
$PM_{2.5}$	1.20	0	1.20
SO_2	0.14668	5.87	6.01
CH_4	0.38137	80.88	81.26
N_2O	0.38137	0.01100	0.39237
CO_2	21378.61	800.87	22179.48
温室气体	21525.29	2503.09	24028.38

5.6.2　加气站分散制氢能量消耗和排放

5.6.2.1　加气站分散制氢能量消耗

加气站分散制 H_2 是将 NG 管路运输到各加气站，以小型的天然气蒸汽重整制氢设备制备 H_2。加气站分散制 H_2 无蒸汽对外输出回收利用，故能源转化效率较低，一般制 H_2 和压缩的能源效率为 55% ~ 65% 左右，加气站分散制 H_2 能量消耗为 0.53846MJ/MJ，能源效率为 65%[13]，折算为一次能源能量消耗为 0.59387MJ/MJ，能源效率为 62.74%。

5.6.2.2　加气站分散制氢气体排放

分散制 H_2 有部分 NG 作为工艺燃料燃烧为催化转化反应供热，工艺燃料燃烧将产生排放，根据工艺燃料 NG 的消耗量和燃烧时的排放因子，可以计算出加气站分散制氢工艺燃料的气体排放如表 5-17 所示。与集中制氢相同，加气站分散制氢在催化重整过程中每输出 1MJ 的 H_2 将生成 63.67g CO_2。

表 5-17　加气站分散制氢的气体排放　　（g/GJ）

分　类	NG 燃烧排放	NG 生产排放	合　计
VOC	1.09	0.0646	1.15
CO	14.68	0.6192	15.30

分 类	NG 燃烧排放	NG 生产排放	合 计
NO_x	36.25	1.46	37.72
PM_{10}	1.76	0.10	1.86
$PM_{2.5}$	1.76	0.0000	1.76
SO_2	0.2154	8.62	8.83
CH_4	0.5600	118.76	119.32
N_2O	0.5600	0.0162	0.57615
CO_2	31392.22	1176.00	32568.21
温室气体	31607.60	3675.53	35283.13

5.6.3 H_2 压缩环节能量消耗和排放

要获得 35MPa 车载 H_2 压力，压缩 H_2 压力一般到 41MPa 以上，采用电动方式对 H_2 进行压缩能量消耗为 0.08695MJ/MJ，能量转化效率为 92%[6]，折算为一次能源能量消耗为 0.28MJ/MJ，能量转化效率为 78.12%；根据 H_2 压缩时电力的能量消耗（0.08695MJ/MJ）和电力生产的排放因子（见表 4-5），可以计算出 H_2 压缩环节生产的排放，能量消耗和排放计算结果如表 5-18 所示。

表 5-18 H_2 压缩过程中的能量消耗和排放 （g/GJ）

VOC	CO	NO_x	PM_{10}	$PM_{2.5}$
2.22	3.61	73.89	4.22	1.58
SO_x	CH_4	N_2O	CO_2	温室气体
869.50	71.39	0.09	28936.96	30745.52

5.6.4 H_2 液化能量消耗和排放

由于 H_2 气态时单位体积密度较低，液化低温储存是一种选择。与压缩 H_2 相比，车载液化氢（LH_2）加注一次燃料可行驶更长的距离。LH_2 的缺点是在液化时需要消耗大量的能量，使 LH_2 能量消耗和气体排放增加；LH_2 低温储存运输存在技术上和经济成本的挑战。由于 LH_2 的沸点（-253℃）远低于 LNG 的沸点（-163℃），故 H_2 比 NG 液化消耗更多的能量。文献研究的 H_2 液化电能消耗及效率如表 5-19 所示，本书取其均值为 0.44928MJ/MJ 及 69%；当用电网电能时，折算为一次能源能量消耗为 1.44696MJ/MJ，能源转化效率为 40.78%。

表 5-19　H_2 液化能量消耗及效率　　　　（g/GJ）

对 比 项	文献[14]	文献[15]	文献[16]	文献[5]	文献[8]	本书
效率/%	70	67	58~72	65	82	69
能量消耗/MJ·MJ^{-1}	0.42857	0.49254	0.38889~0.72414	0.53846	0.21951	0.44928

液化时可以采用公用电网电能，其排放如表 5-20 所示。大型 NG 制氢工厂使用 NG 燃料非常方便，故可用 NG 和回收的剩余蒸汽生产电能进行液化排放。设 50% 的 H_2 生产厂利用剩余蒸汽生产电能，由于制 H_2 厂剩余蒸汽品质较低，设蒸汽发电的效率为 30%。如表 5-15 所示，单位 H_2 输出的剩余蒸汽量为 0.169MJ，可生产电能为 0.05084MJ，因 H_2 液化能量消耗为 0.44928MJ/MJ，故另需电能 0.39843MJ。设 LH_2 厂 NG 发电效率为 55%[6]，则液化 1MJ H_2 需消耗 NG 为 0.72442MJ。无剩余蒸汽利用时 H_2 液化消耗电能为 0.44712MJ/MJ，均以 NG 联合循环汽轮机发电供给，则液化 1MJ H_2 需消耗 NG 为 0.81686MJ。综上所述，H_2 液化平均 NG 能量消耗为 0.77064 MJ/MJ，能源转化效率为 56.48%；折算为一次能源能量消耗为 0.84994MJ/MJ，能源转化效率为 54.06%。根据 H_2 液化时所消耗公用电网电能的排放因子（见表 4-5）、NG 发电所消耗的 NG 燃料燃烧排放因子（表 4-2）以及 NG 燃料生产过程中的排放（表 4-6），可以计算出 H_2 液化时气体排放，如表 5-20 所示。

表 5-20　H_2 液化排放　　　　（g/GJ）

分 类	公用电网电能	NG 生产电能
VOC	11.46	3.08
CO	18.65	19.36

分 类	公用电网电能	NG 生产电能
NO_x	381.80	12.05
PM_{10}	21.79	1.46
$PM_{2.5}$	8.18	1.46
SO_2	4492.80	308.26
CH_4	368.86	3.11
N_2O	0.4493	1.10
CO_2	149520.38	44954.82
温室气体	158865.41	45213.45

5.6.5 H_2运输能量消耗和排放

氢的运输可以是气态、液态和氢化物的形式,可以使用多种方式进行运输,如表5-21所示[17]。液氢一般进行长距离输送,深冷铁路槽车储存液氢的容量可达到100m³,特殊大容量的铁路槽车甚至可以运输120~200m³的液氢。

表 5-21 H_2主要运输方式比较[17]

	运输量范围	应用情况	优 缺 点
集装格（GH_2)	5~10kg/格	广泛用于商品氢运输	非常成熟,运输量小
长管拖车（GH_2)	250~460kg/车	广泛用于商品氢运输	运输量小,不宜远距离运输
管道（GH_2)	310~8900kg/h	主要用于化工厂,未普及	一次性投资成本高,运输效率高
槽车（LH_2)	360~4300kg/车	国外应用广泛,国内仍仅用于航天液氢输送	液化投资大,能耗高,设备要求高
管道（LH_2)		国外较少,国内没有	运量大,液化能耗高,投资大
铁路（LH_2)	2300~9100kg/节	国外非常少,国内没有	运输量大

5.6.5.1 H_2 管路运输

由于 H_2 的体积能量密度仅为 NG 的 30% 左右，同时比 NG 要轻很多，运输同样能量，须运输更多的 H_2，故其管路运输效率比 NG 要低。由于使用电能较为方便，本书假设以电动压缩机为管路运输 H_2 提供运输压力。H_2 管道运输能量消耗为 0.05263MJ/MJ，能量转化效率为 95%[5]；则一次能源能量消耗为 0.1695MJ/MJ，能量转化效率为 85.51%。因此，根据 GH_2 管路运输所消耗电能的排放因子（见表 4-5）可计算 H_2 管道运输的气体排放，计算结果如表 5-22 所示。

表 5-22 H_2 管道运输气体排放 （g/GJ）

VOC	CO	NO_x	PM_{10}	$PM_{2.5}$
1.34	2.18	44.72	2.55	0.9579
SO_x	CH_4	N_2O	CO_2	温室气体
526.30	43.21	0.0526	17515.26	18609.97

5.6.5.2 H_2 公路运输

管路运输 H_2 需要大量的管道基础设施投资，为避免 H_2 运输管道系统投资，可以采用加气站分散制氢，也可将工厂集中制出的氢气用车辆运输。由表 5-21 知我国广泛用集装格和长管拖车进行 GH_2 运输。假设集装格和长管拖车运输量各占 50%，在 20MPa 的储存压力下，平均运输 1kg 的 H_2 需装备储存设备及车体质量 81.4kg；由于制 H_2 厂建立在 NG 产地附近，故设 H_2 和 NG 的平均运输距离相同（见表 4-27）；根据 2006 年统计年鉴数据，柴油货车运输能耗为 6L/（100t·km），则 H_2 公路运输工艺能源能量消耗为 1.19MJ/MJ，即能量转化效率为 45.66%；一次能源能量消耗为 1.55069MJ/MJ，能量转化效率为 39.21%。根据在公路运输过程中柴油燃料燃烧排放因子（表 4-2）以及柴油燃料生产过程中的排放（见表 4-45），可以计算出公路运输过程中产生的气体排放，计算结果如表 5-23 所示，表中柴油发动机燃烧过程的 PM 都计入 PM_{10}。

表 5-23　H₂公路运输排放　　　　　　　　（g/GJ）

分　类	柴油燃烧排放	柴油生产排放	合　计
VOC	101.51	3.68	105.19
CO	563.95	8.20	572.15
NO$_x$	338.36	42.24	380.60
PM$_{10}$	49.09	2.64	51.72
PM$_{2.5}$	0.00	9.84	9.84
SO$_2$	22.37	208.08	230.45
CH$_4$	4.97	43.84	48.81
N$_2$O	2.26	0.4160	2.68
CO$_2$	88060.00	14529.96	102589.96
温室气体	88893.00	15685.75	104578.75

5.6.5.3　H₂铁路运输

假设铁路运输 GH₂ 采用储存压力为 20MPa 的气罐，平均运输 1kg 的 H₂ 需装备储存设备质量 64.17kg；和 NG 的平均运输距离相同（见表 4-27）；当用铁路运输时，60t 的运载总质量氢装载质量为 935kg。取铁路平车的自重系数（车辆自重质量与装载质量的比值）为 1/3，车槽满载总质量为 80t。铁路运输平均能源强度为 0.08062MJ/(t·km)，则 GH₂ 铁路运输能量消耗为 0.047MJ/MJ，能量转化效率为 95.51%；一次能源能量消耗为 0.08206MJ/MJ，能量转化效率为 92.42%。根据 H₂ 铁路运输过程中电力机车所消耗电能的排放因子（见表 4-5）、内燃机车所消耗柴油燃料燃烧排放因子（表 4-2）以及柴油燃料生产过程中的排放（表 4-45），可以计算出 H₂ 铁路运输过程中的气体排放，计算结果如表 5-24 所示。

表 5-24　H₂铁路运输过程中的排放[18]

分　类	内燃机车		电力机车	合　计
比例/%	38.7		61.3	100
工艺燃料	柴油燃烧排放	柴油生产排放	电力生产	—

分 类		内燃机车		电力机车	合 计
排放 /g·GJ^{-1}	VOC	3.50	0.1455	1.20	2.11
	CO	9.50	0.3238	1.95	4.91
	NO$_x$	77.04	1.67	39.94	54.24
	PM$_{10}$	2.29	0.1041	2.28	2.30
	PM$_{2.5}$	2.06	0.39	0.8554	1.45
	SO$_2$	5.01	8.22	470.00	293.11
	CH$_4$	0.1753	1.73	38.59	24.37
	N$_2$O	0.0893	0.0164	0.0470	0.0688
	CO$_2$	3484.42	573.87	15641.60	11122.33
	温室气体	3515.41	619.52	16619.20	11750.57

5.6.5.4 LH$_2$ 公路运输

液氢的体积密度为 70.8kg/m^3，体积能量密度达到 8.5MJ/L，是 20MPa 存储压力下 GH$_2$ 的 8.7 倍[17]。若将 GH$_2$ 冷却至−253℃ 液化后再利用槽罐车运输可大大提高运输效率。设真空粉末绝热与高真空多层绝热槽车各占 50%，平均运输 1kg 的 H$_2$ 需装备槽罐设备及车体质量 26.16kg。同样设 LH$_2$ 和 NG 的平均运输距离相同，根据柴油车运输能耗为 6L/(100t·km)，则 LH$_2$ 车辆运输能量消耗为 0.38135MJ/MJ。由于 LH$_2$ 的沸点极低从而比 LCN 更容易汽化，据估计 LH$_2$ 的汽化挥发率为每天 0.2% ~ 0.4%[19]。本书设定运输时间为 1 天，则运输时取 LH$_2$ 的汽化挥发率为 0.3%；另外 LH$_2$ 运输到加气站终端储存分销时另有 3% 的汽化挥发，则从制氢厂到销售终端的汽化挥发能量消耗为 0.03413MJ/MJ。虽然汽化挥发的 H$_2$ 完全可以满足运输能量需求，考虑到该部分能量收集利用的技术困难，本书假定汽化挥发的 H$_2$ 释放掉了。综上所述，LH$_2$ 从制氢厂到销售终端公路运输的能量消耗（运输工艺燃料及汽化挥发）为 0.41547MJ/MJ，则一次能源能量消耗为 0.5414MJ/MJ，能量转化效率为 64.88%。根据 LH$_2$ 公路运输过程中所消耗柴油燃料燃烧排放因子（表 4-2）以及柴油燃料生产过程中的排放（表 4-45），可以计算出 LH$_2$ 公路运输过程中的气体排放，计算结果如表 5-25 所示。

表 5-25　LH$_2$公路运输过程中的排放　　　　　（g/GJ）

分　类	柴油燃烧排放	柴油生产排放	合　计
VOC	32.53	1.18	33.71
CO	180.73	2.63	183.35
NO$_x$	108.43	13.54	121.97
PM$_{10}$	15.73	0.84	16.58
PM$_{2.5}$	0.00	3.15	3.15
SO$_2$	7.17	66.68	73.85
CH$_4$	1.59	14.05	15.64
N$_2$O	0.72457	0.13330	0.85787
CO$_2$	28219.90	4656.30	32876.20
温室气体	28486.85	5026.69	33513.54

5.6.5.5　LH$_2$铁路运输

深冷 LH$_2$ 铁路槽车可快速、大量、长距离运输 LH$_2$，这种铁路槽车常用水平放置的圆筒形杜瓦槽罐，其储存 LH$_2$ 容量可达到 100m^3，特殊大容量的铁路槽车甚至可以运输 120~200m^3 的 LH$_2$。假设深冷 LH$_2$ 铁路槽车亦采用真空粉末绝热与高真空多层绝热，槽罐满载总质量与氢装载质量的比值为 20.01。当用铁路运输时，60t 的槽罐满载总质量氢装载质量为 3012.45kg。取铁路平车的自重系数（车辆自重质量与装载质量的比值）为 1/3，车槽满载总质量为 80t。和 NG 平均运输距离相同，铁路运输平均能源强度 0.08062MJ/（t·km），则 LH$_2$ 铁路运输能量消耗为 0.01459MJ/MJ；一次能源能量消耗为 0.02547MJ/MJ，能量转化效率为 97.52%。同时考虑 LH$_2$ 的汽化挥发，假定铁路运输时间为 1 天，运输时取 LH$_2$ 的汽化挥发率为 0.3%；另外 LH$_2$ 运输到加气站终端储存分销时另有 3% 的汽化挥发，则从制氢厂到销售终端的汽化挥发能量消耗为 0.03413MJ/MJ，且汽化挥发的 H$_2$ 释放掉了。根据 LH$_2$ 铁路运输过程中电力机车所消耗电能的排放因子（见表 4-5）、内燃机车所消耗柴油燃料燃烧排放因子（表 4-2）以及柴油燃料生产过程中的排放（表 4-45），可以计算出 LH$_2$ 铁路运输过程中的气体排放，计算结果如表 5-26 所示。

表 5-26　LH$_2$ 铁路运输过程中的排放

分　类		内燃机车		电力机车	合　计
比例/%		38.7		61.3	100
工艺燃料		柴油燃烧排放	柴油生产排放	电力生产	—
排放 /g·GJ^{-1}	VOC	1.09	0.0451	0.3720	0.6657
	CO	2.95	0.1005	0.6054	1.55
	NO$_x$	23.91	0.5177	12.40	17.05
	PM$_{10}$	0.7104	0.0323	0.7075	0.7211
	PM$_{2.5}$	0.6394	0.1206	0.2655	0.4568
	SO$_2$	0.2742	2.55	145.87	90.51
	CH$_4$	0.0544	0.54	11.98	7.57
	N$_2$O	0.0277	0.0051	0.0146	0.0216
	CO$_2$	1080.91	178.11	4854.59	3463.10
	温室气体	1091.12	192.28	5158.00	3658.53

5.6.6　NG 制氢生产过程非燃烧排放

天然气蒸汽重整制氢脱硫过程（去除 NG 中的 H$_2$S）时将产生 SO$_x$ 排放。根据前面假设 H$_2$S 全部转化为 SO$_2$，设 NG 中 H$_2$S 的体积分数为 0.3%[8]，且 NG 处理厂可以将 99% 的 SO$_x$ 排放控制[8]，则由式 3-6 可得 SO$_x$ 排放为 1.76g/GJ。

在 NG 处理厂同时也要去除 NG 原料中的非碳氢气体杂质，体积分数约为 2.19%，其中 90% 是 CO$_2$[20]，假设去除掉的 CO$_2$ 体积密度为 1.96429g/L，NG 的低热值（LHV）为 0.03662MJ/L，则处理过程中 CO$_2$ 排放为 1.17g/MJ。通常，去除掉的 CO$_2$ 直接排入大气中。

5.7 WTT 阶段氢燃料路线分析

氢燃料在 WTT 阶段分析清单如表 5-27 所示，氢从生产到使用终端可形成的燃料路线如表 3-3 所示。氢不同燃料路线在 WTT 阶段的能量消耗和排放如表 5-28 所示，由表知一次能源效率由高到低依次为：氢路线 6、1、5、3、12、2、4、8、10、7、11、9；温室气体排放由少到多依次为：氢路线 6、12、3、5、2、1、8、4、7、11、10、9。可知氢路线 6 无论是从一次能源效率还是等效 CO_2 排放都是最优路线；从这 12 种氢路线的能量消耗分析结果可知，不考虑输氢管道铺设的能量消耗，无论是氢还是 NG 采用管路运输优于其他运输方式，但我国的输气管道（主要是 NG 管道）到 2004 年底为 2.1×10^4 km，无法满足管道输送需求。根据目前的实践情况，氢路线 3、5、12 是可选的较优方案。

表 5-27　氢燃料在 WTT 阶段分析清单

制氢环节		工厂制氢	分散制氢	压缩	H_2 液化	H_2 液化
		—	—	电网电能	电网电能	NG 发电
一次能源转化效率/%		71.20	62.74	78.12	40.87	54.06
一次能源消耗/GJ·GJ^{-1}		0.35500	0.59387	0.28003	1.44696	0.84994
工艺燃料转化效率/%		75.65	65	92	69	56.48
工艺燃料能量消耗/GJ·GJ^{-1}		0.321877	0.53846	0.08695	0.44928	0.77064
排放 /g·GJ^{-1}	VOC	0.78474	1.15	2.22	11.46	3.08
	CO	10.42	15.3	3.61	18.65	19.36
	NO_x	25.69	37.72	73.89	381.8	12.05
	PM_{10}	1.27	1.86	4.22	21.79	1.46
	$PM_{2.5}$	1.2	1.76	1.58	8.18	1.46
	SO_2	7.77	10.59	869.5	4492.8	308.26
	CH_4	81.26	119.32	71.39	368.86	3.11
	N_2O	0.39237	0.57615	0.09	0.4493	1.1
	CO_2	87019.48	33738.21	28936.96	149520.38	44954.82
	温室气体	88868.38	100123.13	30745.52	158865.41	45213.45

续表 5-27

制氢环节		H₂ 运输				
		H₂ 管路	H₂ 公路	H₂ 铁路	LH₂ 公路	LH₂ 铁路
一次能源转化效率/%		85. 51	39. 21	92. 42	64. 88	97. 52
一次能源消耗/GJ·GJ⁻¹		0. 169501	1. 550691	0. 082055	0. 5414	0. 025474
工艺燃料转化效率/%		95	45. 66	95. 51	70. 65	98. 56
工艺燃料能量消耗/GJ·GJ⁻¹		0. 05263	1. 19	0. 047	0. 41547	0. 01459
排放 /g·GJ⁻¹	VOC	1. 34	105. 19	2. 11	33. 71	0. 6657
	CO	2. 18	572. 15	4. 91	183. 35	1. 55
	NO$_x$	44. 72	380. 6	54. 24	121. 97	17. 05
	PM$_{10}$	2. 55	51. 72	2. 3	16. 58	0. 7211
	PM$_{2.5}$	0. 9579	9. 84	1. 45	3. 15	0. 4568
	SO$_2$	526. 3	230. 45	293. 11	73. 85	90. 51
	CH$_4$	43. 21	48. 81	24. 37	15. 64	7. 57
	N$_2$O	0. 0526	2. 68	0. 0688	0. 85787	0. 0216
	CO$_2$	17515. 26	102589. 96	11122. 33	32876. 2	3463. 1
	温室气体	18609. 97	104578. 75	11750. 57	33513. 54	3658. 53

表 5-28 氢 WTT 阶段不同燃料路线的能量消耗和排放

H₂ 路线		1	2	3	4	5	6
一次能源转化效率/%		42. 98	32. 06	39. 09	27. 02	39. 10	43. 13
一次能源消耗/GJ·GJ⁻¹		1. 32693	2. 11888	1. 55795	2. 70083	1. 55744	1. 31878
工艺转化效率/%		54. 57	42. 90	50. 26	38. 57	52. 15	62. 20
工艺能量消耗/GJ·GJ⁻¹		0. 83263	1. 33114	0. 98950	1. 59249	0. 91745	0. 60779
排放 /g·GJ⁻¹	VOC	6. 50	20. 38	5. 20	37. 69	6. 31	5. 19
	CO	26. 31	111. 60	26. 79	205. 32	29. 80	19. 12
	NO$_x$	210. 34	199. 68	160. 34	275. 33	195. 16	166. 97
	PM$_{10}$	12. 94	16. 82	9. 71	26. 19	11. 51	10. 57
	PM$_{2.5}$	6. 39	6. 56	5. 58	8. 11	6. 12	5. 11
	SO$_2$	1949. 12	1115. 82	1154. 73	1328. 06	1414. 01	1602. 59

H₂路线		1	2	3	4	5	6
排放 /g·GJ⁻¹	CH_4	680.16	705.56	704.41	700.65	698.71	519.74
	N_2O	0.87875	1.28	0.89	1.70	0.91	0.62
	CO_2	103318.1	94765.11	82267.87	113230.68	87565.99	143305.84
	温室气体	183808.2	176014.1	163371.9	194480.91	168532.30	156181.68
H₂路线		7	8	9	10	11	12
一次能源转化效率/%		17.69	26.59	13.37	20.10	15.45	36.41
一次能源消耗/GJ·GJ⁻¹		4.65368	2.76132	6.47825	3.97519	5.47347	1.74618
工艺转化效率/%		26.12	36.44	31.92	44.52	27.50	57.53
工艺能量消耗/GJ·GJ⁻¹		2.82798	1.74398	2.13322	1.24596	2.63604	0.73826
排放 /g·GJ⁻¹	VOC	40.64	7.60	49.02	15.98	111.26	7.33
	CO	219.65	37.85	218.94	37.14	592.70	22.55
	NO_x	256.27	151.35	626.01	521.10	576.74	227.71
	PM_{10}	26.06	10.20	46.39	30.53	63.96	12.01
	$PM_{2.5}$	8.76	6.07	15.48	12.79	15.57	5.81
	SO_2	1458.40	1475.06	5642.94	5659.60	2176.24	2039.88
	CH_4	495.28	487.21	861.03	852.96	596.73	248.41
	N_2O	2.53	1.69	1.88	1.04	3.34	0.64
	CO_2	203621.6	174208.5	308187.2	278774.2	257317.50	156015.73
	温室气体	216298.7	186443.7	329950.7	300095.7	272895.98	162109.99

以上分析可知，12 种 H₂ 路线在 WTT 阶段温室气体排放最低为 156.18kg/GJ，最高为 329.95kg/GJ，相对于 5 种 NG 路线中最低 32.86kg/GJ、最高 63.61kg/GJ 的温室气体排放，其排放是很高的。文献[21，22]提出对 WTT 阶段制氢产生的 CO_2 进行处理，以降低其排放。但文献 [21] 对 CO_2 进行处理一次能源消耗为 1.345MJ/kg，同时还将生成 0.14794kg/kg 的等效 CO_2 及其他污染物。基于以上分析，本书不考虑制氢过程中的 CO_2 回收问题。

5.8 本章小结

本章主要分析了天然气及天然气掺氢燃料生产过程中各个环节的

能量消耗和气体排放，经对天然气及掺氢天然气 WTT 阶段的计算，主要结果为：

（1）根据 NG 的储存形态和运输方式可将 NG 燃料从开采到使用阶段划分为 5 种 NG 燃料路线；其一次能源消耗由低到高依次为：NG 路线 1、5、3、2、4，对应的能量消耗分别为：164.01MJ/GJ、217.88MJ/GJ、263.64MJ/GJ、480.64MJ/GJ、646.64MJ/GJ；对大量长期的 NG 运输，NG 路线 1 是最佳方案；除 NG 管道运输外，天然气压缩后铁路运输是一个较好的方案；而 CNG 公路运输的一次能源消耗最高。

（2）NG 燃料路线的温室气体排放由低到高依次为：NG 路线 1、5、3、2、4，对应的温室气体排放分别为：32.86kg/GJ、37.66kg/GJ、43.17kg/GJ、45.15kg/GJ、63.61kg/GJ。

（3）NG 路线 4 无论从能源效率还是温室气体排放皆是最差方案，而 NG 路线 1 为最佳。

（4）根据 H_2 燃料生产、储存和运输方式，可将 H_2 燃料从生产到使用阶段划分为 12 种 H_2 燃料路线；由表知一次能源消耗由低到高依次为：H_2 路线 6、1、5、3、12、2、4、8、10、7、11、9；对应的值分别为：1.3188GJ/GJ、1.3269GJ/GJ、1.5574GJ/GJ、1.5580GJ/GJ、1.7462GJ/GJ、2.1189GJ/GJ、2.7008GJ/GJ、2.7613GJ/GJ、3.9752GJ/GJ、4.6537GJ/GJ、5.4735GJ/GJ、6.4783GJ/GJ。

（5）不考虑制氢过程中的 CO_2 回收时，H_2 燃料温室气体排放由少到多依次为：H_2 路线 6、12、3、5、2、1、8、4、7、11、10、9；对应的值分别为：156.18kg/GJ、162.11kg/GJ、163.37kg/GJ、168.53kg/GJ、176.01kg/GJ、183.81kg/GJ、186.44kg/GJ、194.48kg/GJ、216.30kg/GJ、272.90kg/GJ、300.10kg/GJ、329.95kg/GJ。

（6）H_2 路线 3、5、6 无论是从一次能源效率还是温室气体排放都是较优路线。

参 考 文 献

[1] 国家统计局工业交通统计司. 中国能源统计年鉴 2006 ［Z］. 北京：中国统计出版社，2007.

［2］国家统计局工业交通统计司. 中国统计年鉴 2008 ［Z］. 北京：中国统计出版社，2008.

［3］Gao Youshan, Wang Aihong. Energy consumption and emissions analysis of natural gas exploitation ［C］. 2011 International Conference on Materials and Products Manufacturing Technology, ICMPMT 2011, Chengdu, China：1525～1529.

［4］四川石油管理局天然气研究所. 四川天然气开发和节能项目预期环境影响和防治 ［J］. 石油与天然气化工，1995，（2）：143.

［5］Wang M Q, Huang H S. A Full Fuel-Cycle Analysis of Energy and Emissions Impacts of Transportation Fuels Produced from Natural Gas ［R］. Argonne：Center for Transportation Research, Argonne National Laboratory, 1999.

［6］Stodolsky F, Gaines L, Marshall C L, et al. Total fuel cycle impacts of advanced vehicles ［J］. SAE, 1999, 1999-01-0322.

［7］GM. Well-to-Wheel Energy Use and Greenhouse Gas Emissions of Advanced Fuel/Vehicle Systems - North American Analysis VOLUME3 ［R］. General Motors Argonne National Laboratory BP ExxonMobil and Shell, 2001.

［8］Wang M Q. GREET1. 5-Transportantation Fuel-Cycle Model Volume 1：Methodology, Development, Use and Results ［R］. Center for Transportation Research, Energy Systems Division, Argonne National Laboratory, 1999.

［9］李弘鲁，雪生. 两种绝热型式低温液体槽车的分析比较 ［J］. 深冷技术，2004，（3）：4～6.

［10］Unnasch S, Browning L, Montano M, et al. Evaluation of Fuel-Cycle Emissions on a Reactivity Basis, Volume 1 ［R］. Californic：Acurex Environmental Corporation FR-96-114, 1996.

［11］吴涛涛，张会生. 重整制氢技术及其研究进展 ［J］. 能源技术，2006，27（4）：161～164.

［12］Sheehan J, Camobreco V, Duffield J, et al. Life Cycle Inventory of Biodiesel and Petroleum Diesel for Use in an Urban Bus ［R］. Golden, Colorado：U. S. Department of Agriculture and U. S. Department of Energy, 1998.

［13］Dybkjar I B, et al. Advanced Reforming Technologies for Hydrogen Production ［J］. International Journal of Hydrocarbon Engineering, 1998：1～8.

［14］Wagner U, Geiger B, Schaefer H. Energy Life-Cycle Analysis of Hydrogen System ［J］. International Journal of Hydrogen Energy, 1998, 23（1）：1～6.

［15］Oei D G. Direct-Hydrogen-Fueled Proton-Exchange-Membrane Fuel Cell System for Transportation Application, Hydrogen Infrastructure Report ［R］. U. S. Arlington：Department of Energy, 1997.

［16］Specht M, Staiss F, Bandi A, et al. Comparison of the Renewable Transportation Fuels, Liquid Hydrogen and Methanol, with Gasoline-Energetic and Economic Aspects ［J］. International Journal of Hydrogen Energy, 1998, 23 (5): 387~396.

[17] 马建新, 刘绍军, 周伟, 等. 加氢站氢气运输方案比选 [J]. 同济大学学报（自然科学版）, 2008, 36 (5): 615~619.

[18] 高有山, 权龙, 王爱红. 天然气蒸汽重整制氢 WTT 阶段能量消耗及排放分析 [J]. 机械工程学报, 2013, 49 (8): 158~164.

[19] Abe A, Nakamura M, Sato I, et al. Studies of the Large-Scale Sea Transportation of Liquid Hydrogen [J]. International Journal of Hydrogen Energy, 1998, 23 (2): 115~121.

[20] Eia. Emissions of Greenhouse Gases in the United States in 1996 [R]. Washington, D C:, DOE/EIA-0573 (96), U. S. Department of Energy, 1997.

[21] 张亮. 车用燃料煤基二甲醚的生命周期能源消耗、环境排放与经济性研究 [D]. 上海: 上海交通大学, 2007.

[22] 倪维斗, 张斌, 李政, 等. 煤基强化石油开采的多联产方案研究 [J]. 煤炭转化, 2004, 27 (1): 1~8.

第6章 车用燃料TTW阶段能量消耗和排放计算

受条件限制，在车辆实际使用时测量TTW阶段的能量消耗和排放较为困难，常采用等速试验、循环工况试验、碳平衡试验法或仿真模拟分析车辆的能量消耗情况[1~4]。本章通过对一辆柴油大型客车的燃油消耗量进行道路试验和模拟计算，建立车辆燃料消耗量道路试验值对模拟计算值进行修正的经验关系式，用以提高模拟计算精度。为对比分析大型客车柴油燃料和CNG及HCNG燃料生命周期的能量消耗和排放，使用清华大学国家汽车安全与节能重点实验室关于天然气及掺氢天然气发动机燃料消耗和废气排放的台架试验数据，然后用模拟计算方法分析使用CNG、HCNG发动机的大型客车燃料消耗量和废气排放情况。最后介绍了碳平衡法测量车辆能量消耗的基本方法。

6.1 大型客车滑行试验及燃料消耗量试验

6.1.1 大型客车滑行试验

大型客车燃料消耗量模拟计算时需确定车辆各种行驶模式下的行驶阻力，即滚动阻力、空气阻力和传动系阻力，用车辆滑行试验的t-u或t-S数据求解行驶阻力运动微分方程，是确定行驶阻力的一种常用的方法。本章对柴油、CNG及HCNG燃料对比分析用的大型客车进行滑行试验，以便进行CNG、HCNG大型客车燃料消耗量模拟计算。车辆滑行试验按GB/T 12534—1990汽车道路试验方法通则和GB/T 12536—1990汽车滑行试验方法，在公路交通试验场长直线性能路上，以非接触速度分析仪LC-5100S和综合观测仪DZM2-1测量记录车速、距离及时间，对车辆进行空载、半载、满载3组滑行试验。每组试验的滑行车速从105km/h开始，车速每变化5km/h记录所经历的时间及行驶的距离，取4次往返试验的均值。

6.1.2　大型客车燃料消耗量试验

　　通过对大型客车进行燃料消耗量道路试验，用试验值建立大型客车燃料消耗量样本，进行大型客车 WTW 的能量消耗和排放分析。

　　通过对一辆大型客车依次装配 3 种不同额定功率的柴油发动机分别进行道路燃料消耗量试验，通过和模拟计算的燃料消耗量对比，建立该大型客车燃料消耗量模拟计算和道路试验值的修正关系式，用来修正 CNG、HCNG 燃料大型客车燃料消耗量的模拟计算值。

　　大型客车燃料消耗量的道路试验是以 JT 711—2008《营运客车燃料消耗量限值及测量方法》所规定的方法进行，并按该标准规定的方法计算出每辆大型客车的综合燃料消耗量。试验地点在通州公路交通试验场和定远汽车试验场，主要试验仪器为 FLOWTRONIC206 型非接触式速度分析仪、FLOWTRONIC210 型燃油流量计、DZM2－1 型轻便综合气象仪和 2CS-15A 型电子汽车衡；大型客车部分配置参数见附录 A，其中车辆等级是按 JT/T 325—2006 中等级评定性能指标划分的，高一级、高二级和高三级大型客车动力性指标要求是比功率不小于 10kW/t，最高车速不低于 110km/h。

6.2　车辆燃料消耗量模拟计算行驶阻力参数确定

　　对车辆燃料消耗量、动力性能进行模拟计算或用车辆底盘测功机进行车辆动力性、经济性、制动性或排放污染物测试，均要确定车辆的滚动阻力、空气阻力，这些参数可用近似公式进行估算，也可通过一些方法测得或计算。比如滚动阻力可用功率平衡法求解获得[8]，空气阻力可用滑行阻力计算模型以滑行微分方程求解获得[9~12]。受求解滑行阻力微分方程条件的限制，数学模型中未知数一般不超过 6 个，例如韩宗奇建立的滑行阻力计算模型包含 3 个未知数，其滚动阻力系数、空气阻力计算模型所包含的未知数分别为 2 个、1 个[13]；卫修敬等建立的滑行阻力计算模型包含 5 个未知数，其滚动阻力系数、传动系阻力、空气阻力计算模型包含的未知数分别为 2 个、2 个、1 个[14]；许洪国等建立的计算模型包含 6 个未知数，其滚动阻力系数、传动系阻力、空气阻力计算模型所包含的未知数分别为 4

个、1 个、1 个[15]。本书建立了包含 7 个未知数的滑行阻力计算模型，其滚动阻力系数、传动系阻力、空气阻力计算模型所包含的未知数分别为 4 个、2 个、1 个，包含了更多的信息，故模型表达更准确，求解精度更高。

6.2.1 行驶阻力参数计算

车辆行驶阻力包括滚动阻力 $F_f(N)$、空气阻力 $F_w(N)$、传动系阻力 $F_c(N)$ 和坡度阻力 $F_i(N)$。上坡的坡度阻力为 $F_i = mg\sin\alpha$，下坡时坡度阻力为 $F'_i = -mg\sin\alpha$，若试验时在同一道路上往返行驶，均值（$\sum F_i$）/2 = 0，在平坦试验路面上 α 很小，可忽略坡道阻力的影响，取 $\sin\alpha$ 为 0。

6.2.1.1 滚动阻力计算

轮胎滚动阻力是由轮胎滚动时轮胎与路面接触发生变形产生的能量损失所引起的，常用滚动阻力系数 f 和车轮负荷的乘积来表征滚动阻力的大小

$$F_f = mgf\cos\alpha \qquad (6-1)$$

式中，m 为车辆质量，kg；g 为重力加速度，m/s^2；α 为道路坡度角，(°)。

滚动阻力系数常用速度的二次多项式表示[15]，货车由于轮胎压力较高，滚动阻力系数经验公式是车速的线性函数；也有将滚动阻力系数作为常数来分析不同车重对燃料消耗量的影响。滚动阻力系数也与车辆质量有关[15]。本书将滚动阻力系数与车速和车辆质量的计算模型表示为

$$f = a_0 + \frac{a_1 v}{1 - e^{-a_3 m}} + \frac{a_2 v^2}{1 - e^{-a_3 m}} \qquad (6-2)$$

式中，a_0 为待定系数，无量纲；a_1、a_2、a_3 为待定系数，s/m、s^2/m^2、1/kg；v 为车辆行驶速度，m/s；m 为车辆质量，kg。

6.2.1.2 传动系阻力计算

实际车辆滑行过程中，还应考虑与润滑油黏度、传动系传动齿轮精度和磨合情况、轮毂轴承调整、润滑状况等有关的传动系阻力 F_c。

参考用底盘测功机反拖测试车辆的传动系阻力计算模型[16]，本书将车辆传动系阻力 F_c 的计算模型表示为：

$$F_c = b_0 + b_1 v \tag{6-3}$$

式中，b_0、b_1 为待定系数，N、kg/s。

6.2.1.3 空气阻力计算

风洞试验及文献均认为空气阻力与速度的平方成正比，本书将空气阻力计算模型表示为

$$F_w = cv^2 \tag{6-4}$$

式中，c 为待定系数，kg/m。

6.2.2 车辆行驶阻力运动微分方程

当车辆切断动力系统进行滑行时，滚动阻力、传动系阻力、空气阻力共同作用使车辆减速，即

$$-\delta m \frac{dv}{dt} = F_f + F_c + F_w \tag{6-5}$$

将式 6-2 ~ 式 6-4 代入式 6-5 并合并同类项得

$$-\delta m \frac{dv}{dt} = K_0 + K_1 v + K_2 v^2 \tag{6-6}$$

其中

$$\delta = 1 + \frac{\sum I_w}{mr^2} \tag{6-7}$$

$$K_0 = mga_0 + b_0 \tag{6-8}$$

$$K_1 = b_1 + \frac{mga_1}{1 - e^{-a_3 m}} \tag{6-9}$$

$$K_2 = c + \frac{mga_2}{1 - e^{-a_3 m}} \tag{6-10}$$

式中，δ 为车辆质量换算系数，由于在滑行时变速箱挂空挡，故飞轮的转动惯量对滑行无影响；I_w 为车轮的转动惯量，kg/m²；r 为车轮半径，m。

设滑行初始速度为 v_s，则到任意速度 v_t 时，将式 6-6 对时间积分

$$t = \frac{2\delta m(B_s - B_t)}{A} \tag{6-11}$$

式中，$A = \sqrt{4K_0 K_2 - K_1^2}$；$B_s = \arctan \dfrac{2K_2 v_s + K_1}{A}$；$B_t = \arctan$

$\dfrac{2K_2 v_t + K_1}{A}$；$v_t$ 为 t 时刻的车速，m/s；v_s 为滑行初始速度，m/s。

式 6-11 可变换为车速随时间的变化关系

$$v_t = \frac{A\tan\left(B_s - \dfrac{At}{2\delta m}\right) - K_1}{2K_2} \tag{6-12}$$

将式 6-12 对时间积分，则距离可表示为

$$S = \frac{1}{2K_2}\left[2\delta m \ln \frac{\cos\left(B_s - \dfrac{At}{2\delta m}\right)}{\cos B_s} - K_1 t\right] \tag{6-13}$$

从速度 v_s 到 v_e 的时间历程为 T_{se}

$$T_{se} = \frac{2\delta m(B_s - B_e)}{A} \tag{6-14}$$

式中，$B_e = \arctan \dfrac{2K_2 v_e + K_1}{A}$；$v_e$ 为滑行终点车速，m/s。

6.2.3　用滑行试验数据求解行驶阻力微分方程

行驶阻力运动微分方程增加未知数后，通过改变车辆装载量，用几组不同滑行总质量的试验数据来增加求解信息。将滑行试验记录的初始车速 v_s、终了车速 v_e 及经历的时间 T_{se} 代入式 6-12，形成含三个未知数 K_0、K_1、K_2 的等式。欲求解 K_0、K_1、K_2 三个未知数，须三组试验数据组成方程组

$$v_{ei} = \frac{A\tan\left(B_s - \dfrac{AT_{se}}{2\delta m}\right) - K_1}{2K_2} \quad (i = 0,\ 1,\ 2) \tag{6-15}$$

解方程组 6-15，可得车重为 m 时对应的一组未知数 K_0、K_1、K_2。式 6-13 可作为试验数据有效性的判据。

通过载荷将车辆总质量调整为 m_1、m_2、m_3 分别进行滑行试验，

记录 $v\text{-}t$、$v\text{-}S$，以式 6-15 分别求得车重为 m_1、m_2、m_3 时相应的 K_0^1、K_1^1、K_2^1，K_0^2、K_1^2、K_2^2，K_0^3、K_1^3、K_2^3。将求出的 K_0^1、K_1^1、K_2^1，K_0^2、K_1^2、K_2^2，K_0^3、K_1^3、K_2^3 代入式 6-8 ~ 式 6-10 并化简得

$$a_0 = \frac{K_0^1 - K_0^2}{m_1 - m_2} \tag{6-16}$$

$$b_0 = \frac{K_0^2 m_1 - K_0^1 m_2}{m_1 - m_2} \tag{6-17}$$

$$b_1 + \frac{m_i g a_1}{1 - \mathrm{e}^{-a_3 m_i}} = K_1^i \quad (i = 1,\ 2,\ 3) \tag{6-18}$$

$$c + \frac{m_i g a_2}{1 - \mathrm{e}^{-a_3 m_i}} = K_2^i \quad (i = 1,\ 2) \tag{6-19}$$

由方程组 6-18 解未知数 a_1、a_3、b_1；由方程组 6-19 解未知数 a_2、c。当求出 7 个待定系数 a_0、a_1、a_2、a_3、b_0、b_1、c 后，代入式 6-2 ~ 式 6-4 可确定 F_f、F_c、F_w 的计算模型。

6.3　大型客车模拟计算所需行驶阻力确定

柴油、CNG 及 HCNG 燃料 WTW 对比分析所用的大型客车主要参数见表 3-4。对车辆在空载、半载、满载时分别进行滑行试验，将空载、半载、满载滑行试验测试的时间及行驶距离代入式 6-15 计算系数 K_0、K_1、K_2，由式 6-7 计算质量换算系数 δ，因为滑行时是空挡，故 δ 不包括从离合器到发动机之间的转动惯量。分别将空载的 3 组滑行试验记录的初始车速 v_s、终了车速 v_e 及经历的时间 T_{se} 代入式 6-12，组成方程组 6-15，解方程组 6-15，可得空载时的 K_0、K_1、K_2，以同样方法计算半载和满载时的 K_0、K_1、K_2，计算结果如表 6-1 所示。

表 6-1　滑行测试数据处理结果

车辆质量/kg		质量换算系数 δ	K_0	K_1	K_2
空载（m_1）	13700	1.0127	641.81454	27.31106	3.28940
半载（m_2）	16000	1.0108	746.37760	30.96667	3.31159
满载（m_3）	18000	1.0096	837.30200	34.24267	3.33147

根据表 6-1 中空载、半载、满载 3 组 K_0、K_1、K_2 值，由式 6-16 ~ 式 6-19 求解滚动阻力系数、传动系阻力、空气阻力计算模型的 7 个待定系数 a_0、a_1、a_2、a_3、b_0、b_1、c，计算结果见表 6-2。

表 6-2　计算模型的待定系数

a_0	a_1	a_2	a_3	b_0	b_1	c
0.004639	0.00018122	0.0000011	0.00021	18.9824	1.528836	3.13294

将求得的 7 个待定系数 a_0、a_1、a_2、a_3、b_0、b_1、c 的值代入式 6-2 ~ 式 6-4 可确定 F_f、F_c、F_w，则试验车辆的滚动阻力、传动系阻力、空气阻力分别为

$$F_f = mg\cos\alpha\left(0.004639 + \frac{0.00018122v}{1 - e^{-0.00021m}} + \frac{0.0000011v^2}{1 - e^{-0.00021m}}\right) \tag{6-20}$$

$$F_c = 18.9824 + 1.52884v \tag{6-21}$$

$$F_w = 3.1329v^2 \tag{6-22}$$

式 6-22 中，$3.1329 = \frac{1}{2}C_D A\rho_a = 3.1329$，代入迎风面积 $A = 8.25\text{m}^2$ 和空气密度 $\rho_a = 1.225\text{kg/m}^3$，可知该车的空气阻力系数 $C_D = 0.62$。

比较式 6-16 与平均加速度近似求解法（见附录 B）求解的行驶阻力和车速关系，如图 6-1 所示，可知当车速高于 70km/h 时两者最大相差 4%，车速低于 70km/h 后，两者最大相差 17.6%，和经过理论推导的运动微分方程法相比，平均加速度近似法求解的行驶阻力在低速时的计算精度较差。

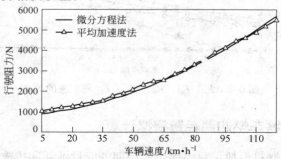

图 6-1　微分方程法和平均加速度法求解的行驶阻力和车速的关系

试验车辆总质量与滚动阻力系数的关系、车速与滚动阻力系数的关系如图 6-2 所示，由图知当车速较高时滚动阻力系数随车辆总质量的增加而减小，当车辆低速行驶时总质量对滚动阻力系数影响减小。

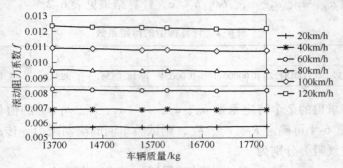

图 6-2　滚动阻力系数与车辆总质量的关系

滑行时滚动阻力、传动系阻力、空气阻力与车速的关系如图 6-3 所示，可知车速对空气阻力 F_w 的影响最大；当车速较高时，传动系阻力 F_c 随车速的变化不大，占整个行驶阻力的比例越来越小；在同一车速下，空载、半载、满载时的滚动阻力 F_{fk}、F_{fb}、F_{fm} 依次增大，且 F_{fk}、F_{fb}、F_{fm} 皆是随着车速的升高而逐渐增大的。

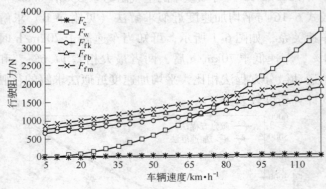

图 6-3　F_c、F_w、F_{fk}、F_{fb}、F_{fm} 与车速的关系

6.4　大型客车燃油消耗量模拟计算

车辆的燃料消耗量对燃料生命周期的能量消耗和排放具有重要影

响，其主要取决于车辆发动机和整车的匹配[17]，包括车辆质量、传动系、轮胎等，另外行驶速度、加速度、道路坡度等行驶工况对车辆燃料消耗量也有影响，故对车辆燃料消耗量的试验测量有严格的场地要求及试验标准。

车辆的燃料消耗量可基于发动机特性、车辆参数和行驶阻力进行实时模拟计算[18]，如日本 2005 年制定的载货车辆燃油消耗限值标准测试方法，是以发动机单体实测的万有特性结合载货车辆的行驶工况及车辆技术参数进行燃油消耗量模拟计算的[9]。对车辆燃油消耗量进行模拟计算时，应先建立发动机转速、扭矩（功率）和燃油消耗率的关系，常用发动机台架测试数据拟合的多项式计算发动机各个工况点（发动机转速 n_e 所对应扭矩 T_e）的燃油消耗率 b_e。

6.4.1 怠速过程燃油消耗量 B_i

怠速过程燃油消耗量 $B_i(kg)$ 为

$$B_i = \frac{b_{e0}t}{3.6 \times 10^3} \tag{6-23}$$

式中，b_{e0} 为怠速燃油消耗率，kg/h；t 为怠速工作时间，s。

6.4.2 加速过程燃油消耗量 B_a

用式 6-20 ~ 式 6-22 计算的行驶阻力、传动系阻力、空气阻力结果，当汽车以加速度 $\frac{dv}{dt}$ 进行加速时发动机提供的功率 $P_e(kW)$ 为

$$P_e = \frac{1}{1000\eta_T}\Big(F_f + F_c + F_w + \delta m \frac{dv}{dt}\Big) v \tag{6-24}$$

式中，η_T 为传动系传动效率，一般为 0.9。

车速与发动机转速 $n_e(r/min)$ 的关系为

$$n_e = \frac{30 i_g i_0 v}{\pi r} \tag{6-25}$$

此时发动机的扭矩 $T_e(N \cdot m)$ 为

$$T_e = \frac{3 \times 10^4 P_e}{\pi n_e} \tag{6-26}$$

式中，n_e、T_e 分别为发动机的转速、扭矩。

若没有给定加速度大小，由于不同挡位的加速能力不同，计算加速过程的燃油消耗首先须确定加速时所在挡位的加速度，设加速时发动机工作到额定功率（P_{ed}），该过程中车速为 v_j，由公式 6-24 可得

$$\frac{\mathrm{d}v_j}{\mathrm{d}t} = \frac{1000P_{ed} - (F_f + F_w + F_c)v_j}{\delta m v_j} \tag{6-27}$$

在某一挡位不同速度点的加速度不同，将该挡位加速过程行驶速度划分为若干个区间（v_i，v_{i+1}），该速度区间所经历的时间 Δt_i 为

$$\Delta t_i = \frac{2(v_{i+1} - v_i)}{\dfrac{\mathrm{d}v_i}{\mathrm{d}t} + \dfrac{\mathrm{d}v_{i+1}}{\mathrm{d}t}} \tag{6-28}$$

加速时车速由低到高，发动机的功率和转速随之变化，因而燃油消耗率也是动态变化的，用稳态的发动机工况来简化计算变工况过程，在每个区间（v_i，v_{i+1}）的耗油量 B_{ai} 为

$$B_{ai} = \frac{1}{7200}\left[B_a(v_i) + B_a(v_{i+1})\right]\Delta t_i \tag{6-29}$$

式中，$B_a(v_i)$、$B_a(v_{i+1})$ 分别为 v_i、v_{i+1} 时单位时间的燃油消耗量，kg/h。

整个加速过程的燃油消耗量为

$$B_a = \sum_{i=1}^{n} B_{ai} \tag{6-30}$$

式中，n 为加速过程中划分的区间个数。

6.4.3　减速过程燃油消耗量 B_d

假设在减速过程中，离合器分离前行驶阻力（有时配合制动力）使发动机处于强制怠速状态，若电喷柴油机强制怠速断油，则 $B_{d1} = 0$，否则由于强制怠速发动机转速高于怠速转速，在供油调节机构的作用下，强制怠速比怠速的循环供油量略小。随着强制怠速发动机转速的降低，循环供油逐渐增加最后达到怠速时的水平。为简化计算过程，假定强制怠速与怠速的循环供油量相同，且挂挡减速时发动机转速达到怠速转速时离合器分离，发动机处于稳定怠速状态，则减速时

的发动机燃油消耗率 $[g/(kW \cdot h)]$ 为

$$b_{ed} = \frac{n_{ed}}{n_{e0}} b_{e0} \tag{6-31}$$

式中，n_{e0} 为正常怠速发动机转速，r/min；n_{ed} 为强制怠速发动机转速，r/min；b_{e0} 为怠速燃油消耗率，kg/h。

设减速为匀减速过程，发动机处于强制怠速，车速从 v_2 以加速度 a 减速到 v_1 时，发动机转速由 n_{e2} 减速到 n_{e1}（$n_{e1} \geqslant n_{e0}$，否则离合器分离），此时的燃油消耗量 $B_{d1}(kg)$ 为

$$B_{d1} = \frac{\pi r (n_{e2}^2 - n_{e1}^2) b_{e0}}{2.16 \times 10^5 i_0 i_g n_{e0} a} \tag{6-32}$$

式中，n_{e1}、n_{e2} 分别为减速过程中车速 v_1、v_2 所对应的发动机转速，r/min。

当离合器分离后车速由 v_1 到停车，此时发动机燃油消耗率为稳定怠速的燃油消耗率 b_{e0}，该阶段燃油消耗量 $B_{d2}(kg)$ 为

$$B_{d2} = \frac{b_{e0} v_1}{3.6 \times 10^3 a} \tag{6-33}$$

则减速时的燃油消耗量 $B_d(kg)$ 为

$$B_d = B_{d1} + B_{d2} \tag{6-34}$$

6.4.4　等速过程燃油消耗量 B_v

设以车速 v 等速行驶的时间为 t，车辆的行驶阻力 $F_r = F_f + F_c + F_w$，则等速行驶时发动机的有效功率 $P_e(kW)$ 为

$$P_e = \frac{F_r v}{1000 \eta_T} \tag{6-35}$$

则等速过程中燃油消耗量 $B_v(kg)$ 为

$$B_v = \frac{b_e P_e t}{3.6 \times 10^6} \tag{6-36}$$

6.4.5　换挡过程燃油消耗量 B_s

假定从原始挡位摘挡→空挡→挂高一级挡是快速连续无间隔的，升挡前车速是 v_1，发动机功率是 P_{e1}，将车辆加速到发动机功率为 P_{e2} 时挂入高一级的挡位，如图 6-4 所示。每次换挡过程的燃油消耗

量 B_s 按加速的计算方法计算。

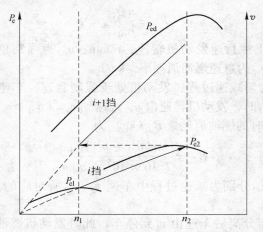

图 6-4　换挡过程中车速与发动机转速及功率关系

6.4.6 总燃油消耗量 Q

总燃油消耗量 $Q(\mathrm{L})$ 为

$$Q = \frac{B_i + B_d + B_a + B_s + B_v}{\rho} \tag{6-37}$$

式中，ρ 为燃油密度，kg/L，本书试验用柴油的密度经测定为 0.830kg/L，以后计算时除特别说明柴油密度皆使用该值。

由总燃油消耗量 Q 可用下式计算车辆的百公里油耗 Q_F [L/ (100km)] 为

$$Q_F = \frac{100Q}{S} \tag{6-38}$$

式中，S 为车辆燃油消耗量模拟计算的行驶距离，km。

6.4.7 模拟计算与道路试验对比分析

因模拟计算时采用发动机台架试验的特性参数，而台架试验时发动机是稳态工况，道路试验时发动机处于变工况，模拟值和实际测量值相对误差有时可达 10% 以上[19]，故欲提高模拟计算的精度需对模拟值进行修正。本书通过模拟值与道路试验值的对比，用道路试验值来修正相同车辆参数的模拟计算值以提高模拟计算的精度。大型客车道路试验是以 Folwtronic210 流量计计量汽车燃油消耗试验的燃油消耗量，试验车辆主要参数见表 3-4，车辆的行驶阻力由式 6-20 ~ 式 6-22 确定。由于滑行试验时变速器处于空挡位置，即式 6-21 中考虑了从车轮到变速器之间（不包括变速器）的摩擦阻力，故传动系统传动效率 η_T 取为 0.9。试验和模拟计算所用的电喷柴油发动机标定额定功率分别为 198kW、251kW、280kW。对采用表 3-4 所列传动参数 I 的传动系统，分别匹配以额定功率为 198kW、251kW、280kW 的发动机，用超速挡以等速 40km/h、50km/h、60km/h、70km/h、80km/h、90km/h、100km/h、110km/h 进行满载、空载的燃料消耗量模拟计算和道路试验，对比结果如图 6-5、图 6-6 所示。可见在相同速度时，试验值和模拟值在 70~80km/h 时相差较小，高于或低于该速度区间后误差增大。不同速度点的模拟值和试验值误差如图 6-7 所示，从图中可知最大误差为 10.6%。若用直接挡以等速 40km/h、50km/h、60km/h、70km/h、80km/h、90km/h、100km/h 进行满载和空载的模拟计算及道路试验，对比结果如图 6-8、图 6-9 所示。模拟值和试验值误差如图 6-10 所示，最大误差为 9.32%。

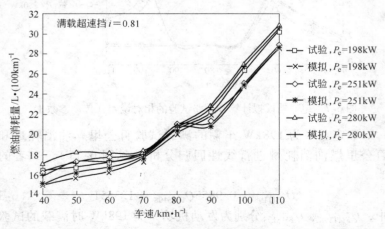

图 6-5　满载（18000kg）超速挡模拟值和试验值的对比（传动参数 I）

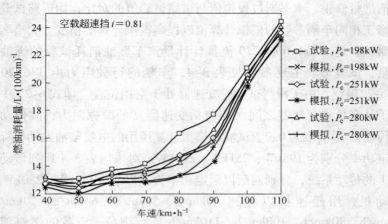

图 6-6 空载（13700kg）超速挡模拟值和试验值的对比（传动参数 I）

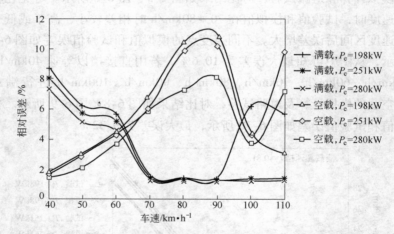

图 6-7 超速挡模拟计算和道路试验的相对误差（传动参数 I）

对额定功率为 198kW 车辆的满载试验百公里燃油消耗量和模拟百公里燃油消耗量进行线性回归分析（见图 6-11），二者的关系为

$$Q_{FMT198} = 0.9855 Q_{FMS198} + 1.3551 \qquad (6-39)$$

式中，Q_{FMT198}、Q_{FMS198} 分别为发动机功率为 198kW 时满载的试验和模拟计算的百公里燃油消耗量，L/(100km)。

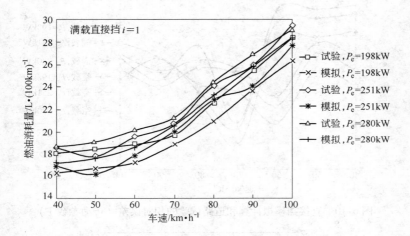

图 6-8 满载 (18000kg) 直接挡模拟值和试验值的对比 (传动参数 Ⅰ)

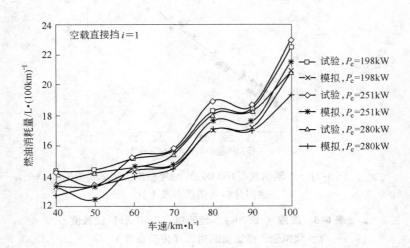

图 6-9 空载 (13700kg) 直接挡模拟值和试验值的对比 (传动参数 Ⅰ)

满载回归方程的相关系数 $R=0.9914$,用回归方程对 251kW、280kW 模拟值进行修正,结果如表 6-3 所示,可知对模拟值经修正后,相对于试验值的最大误差由原来的 8.1% 减小到 4.59%。

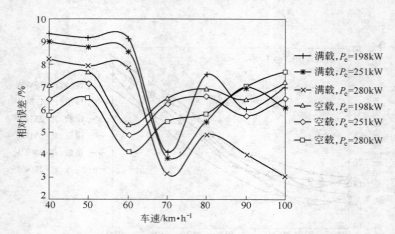

图 6-10 直接挡模拟计算和道路试验的相对误差（传动参数 I）

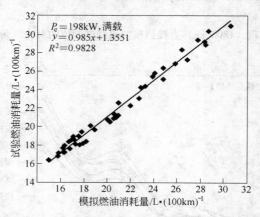

图 6-11 车辆满载（18000kg）油耗模拟值和试验值的
回归分析（传动参数 I）

表 6-3 满载（18000kg）超速挡（$i_0 = 0.81$）试验值、
模拟值、修正值的对比（传动参数 I）

	车速/km · h⁻¹	40	50	60	70	80	90	100
251kW	试验值/L · (100km)⁻¹	16.35	17.26	17.65	18.14	21.05	21.18	25.13
	模拟值/L · (100km)⁻¹	15.03	16.28	16.74	17.89	20.76	20.91	24.78
	修正值/L · (100km)⁻¹	16.16	17.39	17.84	18.98	21.81	21.95	25.76
	模拟值相对试验值误差/%	8.10	5.70	5.20	1.40	1.37	1.28	1.37

车速/km·h⁻¹		40	50	60	70	80	90	100
251kW	修正值相对试验值误差/%	1.19	-0.74	-1.05	-4.59	-3.59	-3.64	-2.54
	试验值/L·(100km)⁻¹	17.10	18.22	18.14	18.42	20.88	22.97	27.17
	模拟值/L·(100km)⁻¹	15.85	17.29	17.30	18.18	20.61	22.70	26.84
280kW	修正值/L·(100km)⁻¹	16.97	18.38	18.40	19.26	21.65	23.71	27.80
	模拟值相对试验值误差/%	7.30	5.10	4.60	1.30	1.29	1.20	1.20
	修正值相对试验值误差/%	0.77	-0.91	-1.44	-4.58	-3.72	-3.22	-2.31

对额定功率为198kW车辆的空载试验百公里燃油消耗量和模拟百公里燃油消耗量进行线性回归分析（见图6-12），二者的关系为

$$Q_{FKT198} = 1.0411Q_{FKS198} + 0.3024 \qquad (6-40)$$

式中，Q_{FKT198}、Q_{FKS198}分别为发动机功率为198kW时空载的试验和模拟计算的百公里燃油消耗量，L/(100km)。

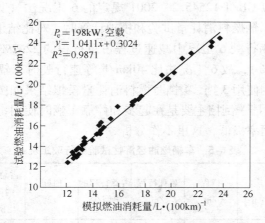

图6-12　车辆空载（13700kg）油耗模拟值和试验值的
回归分析（传动参数Ⅰ）

空载回归方程的相关系数 $R = 0.9967$，用回归方程对匹配251kW、280kW的发动机模拟值进行修正，结果如表6-4所示，可知对模拟值经修正后，相对于试验值的最大误差由原来的10.27%减小到4.95%。

表 6-4　空载（13700kg）超速挡（$i_0 = 0.81$）试验值、
模拟值、修正值的对比（传动参数 I ）

	车速/km·h⁻¹	40	50	60	70	80	90	100
	试验值/L·(100km)⁻¹	12.73	12.40	13.39	13.77	14.77	16.05	20.57
	模拟值/L·(100km)⁻¹	12.52	12.04	12.81	12.92	13.32	14.40	19.68
251kW	修正值/L·(100km)⁻¹	13.34	12.84	13.64	13.75	14.17	15.29	20.79
	模拟值相对试验值误差/%	1.61	2.92	4.33	6.16	9.85	10.27	4.33
	修正值相对试验值误差/%	−4.81	−3.51	−1.86	0.11	4.10	4.70	−1.07
	试验值/L·(100km)⁻¹	13.15	12.79	13.35	13.64	14.29	16.71	20.50
	模拟值/L·(100km)⁻¹	12.96	12.53	12.85	12.84	13.26	15.36	19.74
280kW	修正值/L·(100km)⁻¹	13.80	13.34	13.68	13.67	14.11	16.29	20.86
	模拟值相对试验值误差/%	1.40	2.10	3.70	5.90	7.20	8.10	3.70
	修正值相对试验值误差/%	−4.94	−4.29	−2.52	−0.18	1.27	2.51	−1.73

当车辆以 GB/T 12545.2—2001 规定的 6 工况法（见表 6-5、图 6-13）进行车辆燃料消耗量试验和模拟计算时，对比结果如表 6-6 所示。由于车辆行驶 6 工况中减速过程占总行程的 22.2%（占总行驶时间的 22.5%），故 6 工况法比 40km/h 等速行驶时车辆的燃料消耗量要低。车辆使用 3 挡、4 挡时燃料消耗量模拟结果如图 6-14 所示。由于 1 挡、2 挡、倒挡主要是在起步和停靠车辆时使用，对长途运输车辆而言使用率极低，这里不作分析。

表 6-5　车辆燃油经济性试验的行驶工况

工况序号	车速 /km·h⁻¹	行程 /m	累计行程 /m	占总行程的 比例/%	时间 /s	占总行驶 时间的 比例/%	加速度 /m·s⁻²
1	40	125	125	9.3	11.3	11.8	0
2	40~50	175	300	13.0	14.0	14.6	0.20
3	50	250	550	18.5	18.0	18.7	0
4	50~60	250	800	16.3	16.9	16.9	0.17
5	60	250	1050	18.5	15.0	15.6	0
6	60~40	300	1350	22.2	21.6	22.5	−0.26

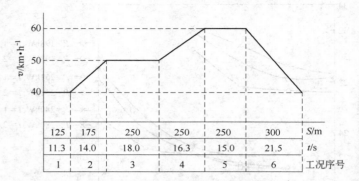

图 6-13 燃油经济性试验的行驶工况

表 6-6 车辆（传动参数 I）6 工况下燃料消耗量试验值和模拟计算值对比

传动比	发动机标定功率 /kW	车辆总质量 /kg	试验 /L·(1000km)$^{-1}$	模拟修正 /L·(100km)$^{-1}$	相对误差 /%
$i = 0.81$	198	18000	14.95	14.96	0.13
		13700	12.13	12.44	2.59
	251	18000	15.24	15.30	0.43
		13700	11.72	12.04	2.76
	280	18000	15.83	15.95	0.71
		13700	11.91	12.31	3.32
$i = 1$	198	18000	16.22	15.75	2.90
		13700	13.21	13.12	0.69
	251	18000	16.26	15.85	2.51
		13700	12.85	12.83	0.14
	280	18000	16.92	16.56	2.09
		13700	12.84	12.90	0.48

以上分析了模拟计算的车辆燃料消耗量经道路试验值修正后，可以保证模拟计算的精度。该车辆的传动系统还可以采用如表 3-4 所示的传动参数 II，当该车辆的发动机和传动系统按传动参数 II 进行动力匹配时，其最高挡和次高挡在满载和空载时的燃料消耗量模拟值如图

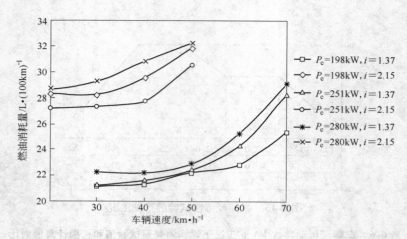

图 6-14　满载（18000kg）3 挡（$i=2.15$）、4 挡（$i=1.37$）模拟的
燃油消耗量与车速的关系（传动参数Ⅰ）

6-15、图 6-16 所示。由于除发动功率和传动参数外，车辆的其他基本配置参数不变，故可对该模拟值用式 6-39 或式 6-40 进行修正以提高模拟计算精度。

以传动参数Ⅱ和发动机匹配组成的车辆用 6 工况法进行车辆燃料

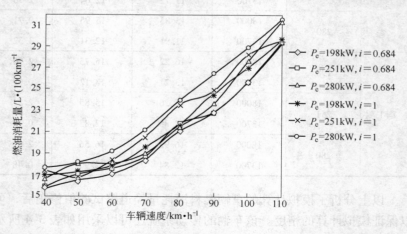

图 6-15　车辆满载（18000kg）时模拟的燃油消耗量
与车速的关系（传动参数Ⅱ）

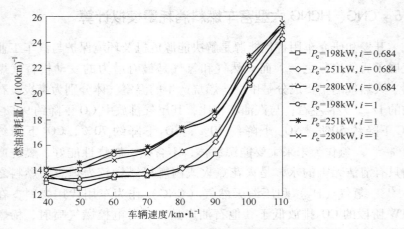

图 6-16 车辆空载（13700kg）时模拟的燃油消耗量与
车速的关系（传动参数 Ⅱ）

消耗量模拟计算，结果见表 6-7，同理由于除发动功率和传动参数
外，车辆的其他基本配置参数不变，故也可对该模拟值用式 6-39 或
式 6-40 进行修正以提高模拟计算精度。

表 6-7　车辆（传动参数 Ⅱ）6 工况下燃料消耗量模拟

车辆总质量 /kg	发动机标定功率 /kW	$i_6 = 0.684$ $/L \cdot (100km)^{-1}$	$i_5 = 1$ $/L \cdot (100km)^{-1}$
18000	198	14.71	15.40
	251	15.07	15.49
	280	15.69	16.21
13700	198	11.86	13.04
	251	12.11	13.04
	280	12.25	12.81

由以上分析可知，通过车辆燃料消耗量道路试验值对模拟计算值
的修正，可以保证模拟计算精度，故对使用 CNG 及 HCNG 的大型客
车，采用上述方法进行燃料消耗量的模拟计算，用以和柴油大型客车
进行对比分析是可行的。

6.5　CNG、HCNG 大型客车燃料消耗量模拟计算

　　开发和研究车用替代能源是解决能源危机及环境保护与汽车工业发展矛盾的途径之一，而天然气和氢气是最有潜力的发动机替代燃料。天然气的主要成分是甲烷，燃烧产生的温室气体分别为煤炭、石油的 1/2、7/8 左右；与汽油车相比，其尾气排放中 CO 下降约 90%，HC 下降约 50%，NO_x 下降约 30%，SO_2 下降约 70%，CO_2 下降约 14%[20]。氢作为未来主要能源载体，不含碳、燃烧性能好、燃烧产物只有清洁无害的水，是火花点火式内燃机燃烧较为理想的燃料之一[21]。氢气（H_2）和压缩天然气（CNG）作为车用代用燃料，在 TTW 阶段的 CO_2 排放低于其他石油产品，同时电控燃气喷射、稀燃等技术的采用可极大地降低 NO_x 排放，使得整体的污染水平较低。目前生产氢能的成本较高，H_2 的体积热值较低，氢内燃机还有一些技术问题未得到解决，单纯燃 H_2 的条件尚未成熟；应在逐步降低生产氢能成本的同时，采用其他途径发挥氢能的优势[5]。虽然天然气发动机已进入实用阶段，但存在火焰传播速率慢、热效率低、燃烧循环变动率大等不足，通过在天然气中掺混氢气可以提高天然气的燃烧性能[6]。

6.5.1　大型客车 CNG、HCNG 燃料模拟计算数据介绍

　　为对比大型客车 CNG、HCNG 及柴油燃料生命周期能量消耗和气体排放，本书试用了文献 [5] 对 CNG、HCNG 发动机的测试数据，然后和表 3-4 中的大型客车参数进行匹配，用模拟计算方法模拟大型客车使用 CNG、HCNG 燃料时的燃料消耗。文献 [5] 的试验发动机是由东风汽车公司商用车发动机厂生产的 EQD210N-20 单点电控天然气喷射发动机改造而成，电控系统采用 DELIPH 公司 ITMS-6F 电控单元，进气方式为涡轮增压中冷，其主要性能参数如表 6-8[5] 所示。为使燃用 CNG、HCNG 燃料的发动机满足欧Ⅲ排放标准，对符合欧Ⅱ排放标准的原型机进行了重新标定，并在排气系统中装用氧化催化转化器[22]。

表 6-8　EAD210N-20 天然气发动机性能参数[5]

名　　称	性能参数
型号	EQD210 - 20
形式	立式、直列、水冷、四冲程
进气方式	增压中冷
气缸数×缸径×行程	6×105mm×120mm
活塞总排量	6.234L
压缩比	10.5：1
额定功率/转速	154kW/2800r/min
最大扭矩/转速	620N·m/1400～1600r/min
全负荷最低比气耗	198g/(kW·h)
怠速	(800±50)r/min
排放	满足 GB 14762—2002（欧Ⅱ）

6.5.2　大型客车 CNG、HCNG 燃料模拟计算方法

　　HCNG 车辆可以使用掺氢 0～50% 的燃料，其中掺氢 20% 的燃料（记为 20HCNG）发动机综合性能最佳[7]，本书使用了文献[5]测试的 CNG 和 20HCNG 燃料发动机试验特性及表 3-4 所示的车辆参数模拟计算燃料消耗量。为避免车辆瞬态工况造成的不确定性，本书使用等速行驶的稳态工况进行 CNG 及 20HCNG 燃料与柴油燃料的对比分析。当车辆使用 CNG 及 20HCNG 燃料时，其燃料消耗量和气体排放通过模拟计算得到，以式 6-36 确定车辆行驶时所需的发动机有效功率，以式 6-37 确定等速行驶期间的燃料消耗量，则该车辆的百公里燃料消耗量 $Q_{\mathrm{FS}i}$[kg/(100km)] 为

$$Q_{\mathrm{FS}i} = \frac{b_{\mathrm{e}}F_{\mathrm{r}}}{3.6 \times 10^4 \eta_{\mathrm{t}}} \tag{6-41}$$

式中，i 代表 CNG 或 20HCNG。

　　如前所述，燃料消耗模拟计算结果用式 6-40 进行修正，因该式是对柴油燃料的修正公式，于是根据 CNG、H_2 的低热值和密度对上式进行变换，则 CNG、20HCNG 燃料的修正公式分别为

$$Q_{FRCNG} = 0.9855 Q_{FSCNG} + 0.96716 \qquad (6\text{-}42)$$

$$Q_{FR20HCNG} = 0.9855 Q_{FS20HCNG} + 0.92334 \qquad (6\text{-}43)$$

式中, Q_{FRCNG}、Q_{FSCNG}、$Q_{FR20HCNG}$、$Q_{FS20HCNG}$分别为 CNG 和 20HCNG 燃料消耗量的修正值和模拟值, kg/(100km)。

对 CNG 和 20HCNG 燃料燃烧排放的模拟计算可以采用燃油消耗量的计算方法,用台架测试的转速、扭矩及相应的燃烧排放参数计算发动机各个工况点(发动机转速 n_e 所对应扭矩 T_e)的燃烧排放。基于上述分析,可用下式计算车辆百公里燃烧排放量 Q_{exhi} [kg/(100km)]

$$Q_{exhi} = \frac{exh_i F_r}{3.6 \times 10^4 \eta_t} \qquad (6\text{-}44)$$

式中,exh_i 代表 CO、NO_x 或 CH_4 排放, g/(kW·h)。

6.5.3 大型客车 CNG、HCNG 燃料模拟计算结果

为对比分析 CNG、20HCNG 及柴油燃料生命周期的能量消耗和气体排放,上节计算了大型柴油客车的燃料消耗量,下面分析大型 CNG、20HCNG 客车的燃料消耗量。

6.5.3.1 CNG 大型客车燃料消耗量模拟计算结果

当发动机使用 CNG 燃料、车辆传动系为表 3-4 的参数 I、II,根据 CNG 发动机的试验参数和车辆参数用式 6-42 计算满载时 4 种挡位不同速度点的 CNG 消耗量,并用式 6-43 进行修正,模拟计算结果如图 6-17、图 6-18 所示。因对比分析柴油、CNG 及 HCNG 燃料 WTW 的能量消耗时,在 TTW 阶段的燃料消耗量是用 JT 711—2008《营运客车燃料消耗量限值及测量方法》中所规定的方法,对 5 个速度点的等速燃料消耗量经加权所得,由图 6-17、图 6-18 可知同一车速时因挡位不同而有多个等速燃油消耗量,按 JT 711—2008 规定,此时可选取能保证车辆稳定行驶的最低燃料消耗量。例如图 6-17 中,当车速为 80km/h 时,超速挡 $i = 0.81$ 时燃料消耗量最低为 18.38 kg/(100km),则计算综合燃料消耗量时即用该值,以后计算时皆与此相同。

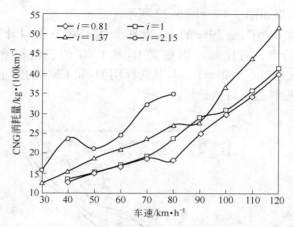

图 6-17 CNG 大型客车满载时 CNG 消耗量与车速的关系
（传动参数Ⅰ）

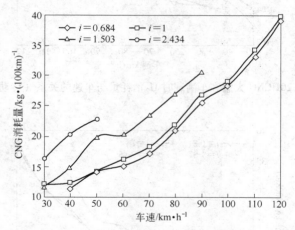

图 6-18 CNG 大型客车满载时 CNG 消耗量与车速的关系
（传动参数Ⅱ）

6.5.3.2 HCNG 大型客车燃料消耗量模拟计算结果

当发动机使用 20HCNG 燃料、车辆传动系为表 3-4 的参数Ⅰ、Ⅱ，根据 20HCNG 发动机的试验参数和车辆参数用式 6-42 计算满载时 4 种挡位不同速度点的 CNG 及 H_2 消耗量，并用式 6-44 进行修正；

模拟计算结果如图6-19～图6-22所示。

由于20HCNG是20%的H₂和80%的CNG，所以计算时H₂和CNG分别给出，对比时可以根据H₂和CNG的热值折算为当量的CNG，单位是kg/(100km)，本书选择用H₂和CNG的热值之和与柴油和CNG燃料进行对比分析。

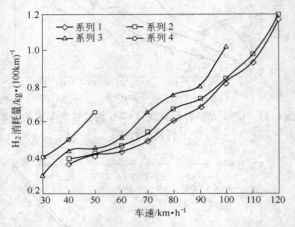

图6-19　20HCNG大型客车满载时H₂消耗量与车速的关系（传动参数Ⅰ）

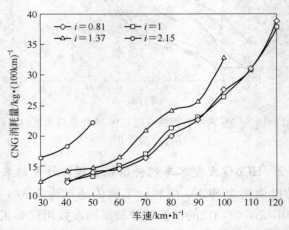

图6-20　20HCNG大型客车满载时CNG消耗量与车速的关系（传动参数Ⅰ）

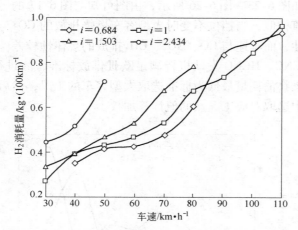

图 6-21　20HCNG 大型客车满载时 H_2 消耗量与车速的关系（传动参数Ⅱ）

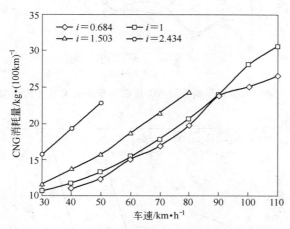

图 6-22　20HCNG 大型客车满载时 CNG 消耗量与车速的关系（传动参数Ⅱ）

6.5.3.3 大型客车燃烧排放模拟计算结果

与燃料消耗量的模拟计算方法相同，通过发动机不同转速和扭矩所对应的排放值，可以模拟计算出大型客车在不同工况时的燃烧排放。CO、NO_x、CH_4 排放用式 6-45 计算；CO_2 排放以式 6-51 用碳平衡法计算。例如当大型客车使用 CNG 燃料和传动参数Ⅰ时，模拟计算的排放如图 6-23～图 6-26 所示，由图可知与图 6-17 的燃料消耗量模拟计算值相似，当挡位不变时大型客车燃烧排放的 CO_2 与车速有较强的规律性，而车速与 CO、NO_x、CH_4 排放的规律性较差。因模拟计算所用的 CNG、HCNG 发动机皆满足欧Ⅲ排放标准，故进行 TTW 分析时，以燃料消耗量最低为标准选取大型客车的工况，然后在模拟的燃烧排放中选取对应工况点的值计算加权。

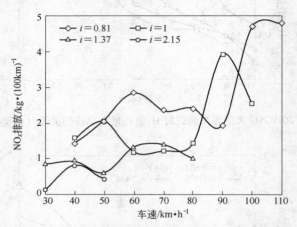

图 6-23　CNG 大型客车满载时 NO_x 排放与车速的关系（传动参数Ⅰ）

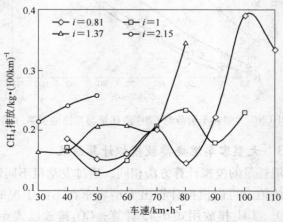

图 6-24　CNG 大型客车满载时 CH_4 排放与车速的关系（传动参数Ⅰ）

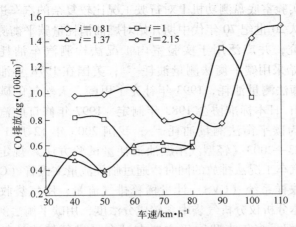

图 6-25 CNG 大型客车满载时 CO 排放与车速的关系（传动参数 I）

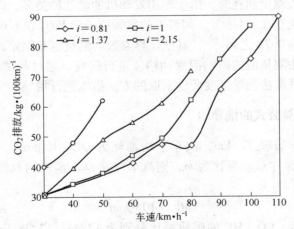

图 6-26 CNG 大型客车满载时 CO_2 排放与车速的关系（传动参数 I）

6.6 碳平衡试验[3]

汽油、柴油等碳氢化合物车用燃油，燃烧后生成 CO、CO_2、HC、H_2O、O_2 和 NO 等混合物。根据质量守恒定律，燃油经过发动机燃烧后，排气中碳含量总和与燃烧前的燃油中碳含量总和相等，即碳平衡可进行汽车燃油消耗量的测量。碳平衡法是一种常用方法，特别适合在实验室底盘测功机上对行驶工况比较复杂的汽车进行油耗测量。国外从 20 世纪 70 年代中期开始对燃油消耗量碳平衡测量方法进行实验研究，并广泛用于实验室内工况法检测汽车油耗。欧盟从 1993 年开始采用碳平衡法测量油耗[23]；美国在 1978 年油耗法规中采用碳平衡法测量油耗，1993 年补充了甲醇、天然气的碳平衡法测量方法[24]；日本标准协会 1983 年制定、1997 年修订的汽车油耗试验方法亦为碳平衡法测量油耗[25]；我国 2003 年 12 月 1 日颁布的 GB/T 19233—2003《轻型汽车燃油消耗量试验方法》规定，在实验室内测量汽车工况法排放的同时，通过临界流量文氏管（CFV）或容积泵定容取样系统（CVS）计量稀释排气流量，用气袋收集稀释排气，用气体分析仪分析气袋中含碳成分浓度，用碳平衡法测量出汽车油耗[26]。但是多年来我国仍主要在试车场进行等速油耗试验[27]。用碳平衡法测量油耗时，由于车用发动机的燃油种类多，同一种类燃油其组成也存在差异[28]，如汽油的氢碳原子数 H/C 在 1.6 ~ 2.2，密度在 0.70 ~ 0.78 之间[29]，其他计算参数的测量也有误差，故有必要对碳平衡法测量值的影响因素和精度进行研究，通过与试验值对比，为提高碳平衡法测量精度所应采取的方法措施进行指导。

6.6.1 计算公式的推导

设汽车行驶了 Skm，汽车平均油耗为 $QL/(100km)$，燃油密度 $\rho kg/L$，燃油中碳质量比为 m，则汽车行驶 Skm 消耗的汽油中碳质量（g）为

$$M_C^F = 10SQ\rho m \tag{6-45}$$

若 CO_2、CO、HC 的碳质量比分别为 $12/44$、$12/28$、n，以气体分析仪测量测试汽车排放的 CO_2、CO、HC 体积浓度 v_{CO_2}、v_{CO}、v_{HC}。

将由 CVS 系统直接测量的稀释排气容积校正至标准状态

$$V_m = VK\frac{p_p}{T_p} \tag{6-46}$$

式中，$K = 2.696K/kPa$；V 为由 CVS 系统测得的稀释排气容积，L；p_p 为容积泵进口处的绝对压力，kPa；T_p 为进入容积泵的稀释排气的平均温度，K。

通过下列公式可以计算汽车行驶单位里程的 CO_2、CO、HC 质量排放量（g/km）

$$M_{CO_2} = (1000V_m\rho_{CO_2}v_{CO_2} \times 10^{-6})/S \qquad (6-47)$$

$$M_{CO} = (1000V_m\rho_{CO}v_{CO} \times 10^{-6})/S \qquad (6-48)$$

$$M_{HC} = (1000V_m\rho_{HC}v_{HC} \times 10^{-6})/S \qquad (6-49)$$

式中，ρ_{CO_2}、ρ_{CO}、ρ_{HC} 分别为在标准状态下 CO_2、CO、HC 的密度，kg/L。

则行驶 Skm（通过底盘测功机测量积分求得）排气中碳质量（g）为

$$M_C^E = \left(\frac{12}{44}M_{CO_2} + \frac{12}{28}M_{CO} + nM_{HC}\right)S \qquad (6-50)$$

由式 6-45、式 6-50 可得汽车排气成分与燃油消耗量 Q（L/100km）的关系为

$$Q = \left(\frac{12}{44}M_{CO_2} + \frac{12}{28}M_{CO} + nM_{HC}\right)\frac{1}{10m\rho} \qquad (6-51)$$

设未燃碳氢化合物中的 C、H 原子数之比与燃油中的 C、H 原子数之比相等[30]，即 $m = n$，则燃油碳质量比 m 对燃油消耗量 Q 的影响为

$$dQ = -\left(\frac{12}{44}M_{CO_2} + \frac{12}{28}M_{CO}\right)\frac{dm}{10m^2\rho} \qquad (6-52)$$

燃油密度 ρ 对燃油消耗量 Q 的影响为

$$dQ = -\left(\frac{12}{44}M_{CO_2} + \frac{12}{28}M_{CO} + nM_{HC}\right)\frac{d\rho}{10m\rho^2} \qquad (6-53)$$

温度对燃油消耗量 Q 的影响为

$$dQ = -\frac{VKp_p \times 10^{-3}}{10Sm\rho}\left(\frac{12}{44}\rho_{CO_2}v_{CO_2} + \frac{12}{28}\rho_{CO}v_{CO} + n\rho_{HC}v_{HC}\right)\frac{dT_p}{T_p^2}$$

$$(6-54)$$

气压对燃油消耗量 Q 的影响为

$$dQ = \frac{VK \times 10^{-3}}{10Sm\rho T_p}\left(\frac{12}{44}\rho_{CO_2}v_{CO_2} + \frac{12}{28}\rho_{CO}v_{CO} + n\rho_{HC}v_{HC}\right)dp_p$$

$$(6-55)$$

CO_2、CO、HC 浓度对燃油消耗量 Q 的影响为

$$dQ = \frac{12}{440m\rho}dM_{CO_2} \tag{6-56}$$

$$dQ = \frac{12}{280m\rho}dM_{CO} \tag{6-57}$$

$$dQ = \frac{dM_{HC}}{10\rho} \tag{6-58}$$

式 6-52 ~ 式 6-58 中 dQ 的单位为 L/(100km)。

6.6.2 试验方法及结果

用德国 SCHENCK 公司 EMDY48 排放转鼓试验系统（含车速跟踪冷却风机系统）、Pierburg 公司的 AMA-2000D 排放废气分析仪及配套的定容取样稀释系统（CVS 系统）、ONOSOKKIMF-2200 油耗仪等设备对 1.5L 汽油车分别用碳平衡法及油耗仪进行燃油消耗量测试；试验用汽油实测密度 0.75kg/L。按照 GB/T 19233—2003 的有关测试规定，分别测试汽车车速为 50km/h、60km/h、70km/h、80km/h、90km/h、100km/h、110km/h、120km/h 的匀速燃油消耗及排放成分。

用排放成分以碳平衡法测量不同速度点的油耗，然后与同一速度点用油耗仪测试的结果进行对比，如图 6-27 所示。

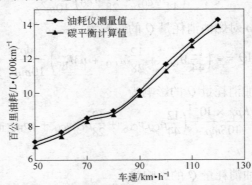

图 6-27 油耗仪测试的汽车燃油消耗值和碳平衡法测量值的对比

GB/T 19233—2003《轻型汽车燃油消耗量试验方法》规定氢碳比采用固定值，汽油为 1.85，柴油为 1.86，换算成汽油燃油碳质量

比为 $m = 0.866$。由于车用发动机的汽油燃油碳质量比 m 在 $0.845 \sim 0.882$ 之间，国产汽油碳质量比 m 的平均值为 0.855[30]，将 $m = 0.855$ 的燃油误认为 $m = 0.866$ 的燃油，则由式 6-52 知，将对燃油消耗量产生 1.3% 的计算误差。

GB 18352.3—2005 要求汽油密度范围在 $0.748 \sim 0.762 \mathrm{kg/L}$ 之间[31]，波动幅度 0.93%，则由式 6-53 知，将对燃油消耗量产生 1.24% 的计算误差；标准指定温度的测量准确度应为 $\pm 1.5 \mathrm{K}$[31]，由式 6-54 知温度对燃油消耗量产生 4.6% 的计算误差；标准指定大气压力测量准确度应为 $\pm 0.1 \mathrm{kPa}$[31]，由式 6-55 知气压对燃油消耗量产生 0.9% 的计算误差。

标准规定将气体样气收集在足够容积的取样袋中，制造取样袋的材料必须保证在贮存污染气体 20min 后，污染气体浓度的变化不超过 $\pm 2\%$；不管标定气体的实际值是多少，测量误差不超过 $\pm 3\%$[31]，则 CO_2、CO、HC 的测量误差最大为 5%，由式 6-56 ~ 式 6-58 知 CO_2、CO、HC 对燃油消耗量产生的计算误差分别为 0.2%、0.3%、0.7%。因 ONO SOKKI MF-2200 油耗仪的测量精度为 $\pm 0.2\%$，故碳平衡法测量系统的精度为 $\pm 9.44\%$。

6.7 本章小结

本章主要对使用柴油、CNG 及 HCNG 的大型客车进行了燃料消耗量模拟计算，主要计算结果为：

（1）用滑行阻力计算模型以滑行微分方程求解可获得大型客车的行驶阻力，然后可对大型客车燃料消耗量进行模拟计算。

（2）匹配 198kW 发动机的大型客车道路试验和模拟计算最大误差可达 9.32%，以两者建立的回归方程对匹配 251kW、280kW 发动机的大型客车模拟值进行修正，则模拟值和试验值的最大误差由原来的 8.1% 减小到 4.59%，说明模拟计算的结果是比较精确的，可用于使用 CNG、20HCNG 燃料的大型客车燃料消耗量计算。

（3）对 CNG、20HCNG 大型客车进行的模拟计算结果表明，可知挡位对燃料消耗量和 CO_2 排放的影响具有明显的规律性，同一车速下高速挡比低速挡的燃料消耗量要少；但对 CO、NO_x、CH_4 排放的影响规律不明显。

参 考 文 献

［1］ 高有山，李兴虎. 汽车等速燃油经济性模拟计算及对比分析 ［J］. 武汉理工大学学报（交通科学与工程版），2010，（1）：191～194.

［2］ 高有山，李兴虎. 电喷柴油发动机汽车经济性模拟计算 ［J］. 中国公路学报，2009，22（5）：122～126.

［3］ Youshan Gao. Application of the Neural Network Mapping Air- Fuel Ratio with Combustion Products Components ［J］. SAE，2008-01-1720.

［4］ 高有山，王斌，王爱红. 碳平衡法测量汽车油耗误差影响因素分析 ［J］. 车辆与动力技术，2009（1）：40～42.

［5］ 张继春. 点燃式天然气掺氢发动机燃烧特性研究 ［D］. 北京：北京航空航天大学，2007.

［6］ 李勇，马凡华，刘海全，等. HCNG 发动机掺氢比选择试验研究 ［J］. 车用发动机，2007（2）：14～17.

［7］ 王金华，黄佐华，刘兵，等. 不同点火时刻下天然气掺氢缸内直喷发动机燃烧与排放特性 ［J］. 内燃机学报，2006，24（05）：394～401.

［8］ 周锋，许爱民. 功率平衡法测试汽车的滚动阻力系数 ［J］. 华南理工大学学报（自然科学版），1999，27（7）：73～76.

［9］ 瀬古俊之. 自動車を取り巻く排出ガスおよび燃費の規制動向 ［J］. 自動車研究，2007，29（5）：189～194.

［10］ An F，Santini D J Mass Impacts on Fuel Economies of Conventional vs. Hybrid Electric Vehicles ［J］. SAE，2004，2004-01-0572.

［11］ Cousins S H，Bueno J G，Coronado O P. Powering or De- Powering Future Vehicles to Reach Low Carbon Outcomes The Long Term View 1930-2020 ［J］. Journal of Cleaner Production，2007，15（11～12）：1022～1031.

［12］ Yamane K，Furuhama S. A Study On The Effect of The Total Weight of Fuel And Fuel Tank on The Driving Performances of Cars ［J］. International Journal of Hydrogen Energy，1998，23（9）：825～831.

［13］ 韩宗奇. 用滑行试验法测定汽车空气阻力系数研究 ［J］. 汽车技术，2001，（5）：24～27.

［14］ 卫修敬，龚标. 道路与滚筒上汽车滚动阻力的试验研究 ［J］. 江苏理工大学学报，1994，15（4）：27～32.

［15］ 许洪国，程世瑛. 汽车加速—滑行工况参数的模拟和优化 ［J］. 中国公路学报，1989，2（3）：76～84.

［16］ 张学利，何勇. 汽车动力性检测中的滚动阻力 ［J］. 公路交通科技，2000，17（5）：93～95.

［17］ Zachariadis T. On the Baseline Evolution of Automobile Fuel Economy in Europe ［J］. Energy Policy，2006，34（14）：1773～1785.

［18］ Nam E K，Giannelli R. Fuel Consumption Modeling of Conventional and Advanced Technology Vehicles in the Physical Emission Rate Estimator（PERE）　［R］. U S：EPA，2005.

［19］ Christopher F H，Rouphail N M，Zhai H，et al. Comparing Real- World Fuel Consumption

for Diesel- and Hydrogen- Fueled Transit Buses and Implication for Emissions [J].
Transportation Research. Part D, Transport and Environment, 2007, 12 (4): 281～291.

[20] 彭红涛. 天然气汽车发展中存在的问题及对策研究 [J]. 煤气与热力, 2006, 26
(3): 26～28.

[21] Karim G A. Hydrogen as a Spark Ignition Engine Fuel [J]. International Journal of
Hydrogen Energy, 2003, 28 (5): 569～577.

[22] 殷勇. HCNG 发动机掺氢比试验研究 [D]. 北京: 清华大学, 2006.

[23] Salvador M Aceves, Daniel L Flowers, Joel Martinez- Frias. A Sequential Fluid- Mechanic
Chemical- Kinetic Model of Propane Hcci Combustion [J]. SAE, 2001-01-1027.

[24] Salvador M Aceves. Hcci Combustion: Analysis and Experiments [J]. SAE, 2001-
01-2077.

[25] William Easley, Apoorva Agarwal, George A Lavoie. Modeling of HCCI Combustion and
Emissions Using Detailed Chemistry [J]. SAE, 2001-01-1029.

[26] 许拔民, 郑贺悦, 陆红雨. GB/T 19233—2003. 轻型汽车燃油消耗量试验方法 [S].
北京: 中国标准出版社, 2003.

[27] 张学敏, 葛蕴珊, 张昱. 利用碳平衡法进行汽车油耗测量的应用研究[J]. 车用发动
机, 2005 (3): 56～58.

[28] Xinghu Li, Xiaofeng Zhou. The Properties of Gasoline and Effect of This Properties on
Calculation of Air- Fuelratio [J]. SAE, 2003-01-1911.

[29] 李兴虎, 刘国邦. 空燃比的计算及测量误差分析 [J]. 燃烧科学与技术, 2004, 10
(1): 32～36.

[30] Heywood J B. 内燃机原理 [M]. 唐开元等译. 武汉: 海军工程学院出版社, 1992.

[31] 中国汽车技术研究中心, 北京市汽车研究所, 中国兵器装备集团公司. GB 18352.3—
2005. 轻型汽车污染物排放标准 [S]. 北京: 中国环境科学出版社, 2005.

第 7 章　车用燃料 WTW 阶段能量消耗和排放计算

根据前面的计算，本章分析大型客车使用柴油燃料、CNG 及 HCNG 燃料时在整个生命周期的能量消耗和排放。分析时 N_2O 均来自于 WTT 阶段，没有考虑发动机燃烧阶段的 N_2O；同时发动机燃烧时所有的 PM 排放都计入到 WTW 分析清单的 PM_{10} 中，而 $PM_{2.5}$ 均来自于 WTW 过程所使用的工艺燃料排放因子。

7.1　大型客车柴油燃料生命周期 WTW 阶段能量消耗和排放

7.1.1　大型客车柴油燃料生命周期 TTW 阶段能量消耗和排放

已有车用燃料生命周期能量消耗和排放文献分析表明，车辆运行阶段消耗能量占整个生命周期能量消耗的 75% ~ 85%[1~6]，为计算全体大型客车柴油燃料 TTW 阶段的能量消耗，本章对 95 辆大型客车燃料消耗量进行道路试验建立的大型客车燃料消耗量样本进行分析。

7.1.1.1　大型客车燃油消耗量样本的建立

要用大型客车燃油消耗量样本均值来估计全体大型客车燃油消耗量均值，对正态分布一般要求样本容量不小于 30。因样本均值是总体均值的无偏、有效和一致估计，故当有足够的样本容量时可用样本均值近似估计总体均值。使用前面试验的 95 辆大型客车燃料消耗量做样本（见附录 A），为确定样本容量的有效性，在此 95 个样本中随机抽取不同容量的子样本，其均值和样本容量的关系如图 7-1 所示，由图可知当样本容量 $n \geqslant 80$ 时样本均值趋于稳定，故以 95 个样本进行全体大型客车燃油消耗量均值估计是可靠的，大型客车道路试验的燃油消耗量如图 7-2 所示，大型客车样本的车长、总质量、功率范围分别为 9~12m、12~18t、140~279kW。

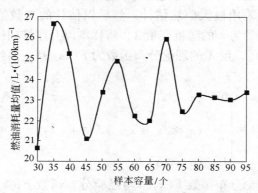

图 7-1 大型客车燃油消耗量均值和样本容量的关系

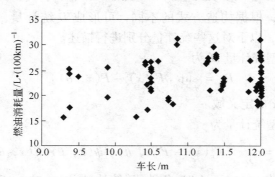

图 7-2 大型客车燃油消耗量与车长的关系

7.1.1.2 大型客车燃油消耗量样本的分布检验[7]

早期对实验数据分布模型的描述常采用图形法来判断随机变量母体的分布，但缺乏明确的数量标准，难以对结论的正确性进行严格的检验，工程上广泛应用的基于样本分组的 χ^2 检验法可以适用于任何分布，但仅对大子样（$n \geqslant 50$）成立，且分组的差异会导致结果的不同。以经验分布函数和理论分布函数之差构建的 EDF（Empirical Distribution Function）假设检验统计量不需要对子样进行分组，对小子样（$n > 5$）亦适用，本节对 95 个样本多种分布假设分别用上确界型统计量（D 统计量）、平方差型统计量（A^2 统计量、W^2 统计量）进行分布检验，而后对结果进行似然比检验和分布择优[8]，寻找合理的数据分布模型。为保证统计量的渐进有效性，所假设分布模型的未知参数矢量 θ 采用极大似然估计，然后以估计的参数值进行分布检验。设样本容量为 n 的随机变量 X，将样本以升序排列构成顺序统计量 $x_1 < x_2 < \cdots < x_n$，设 X 的理论分布函数为 $F(x, \theta)$，而经验分布函数 $F_n(x)$ 为

$$F_n(x) = \begin{cases} 0 & (x < x_1) \\ \dfrac{i}{n} & (x_i \leqslant x < x_{i+1}) \ (i = 1, 2, \cdots, n-1) \\ 1 & (x_n \leqslant x) \end{cases} \quad (7\text{-}1)$$

将度量理论分布函数 $F(x, \theta)$ 与经验分布函数 $F_n(x)$ 的差异的一类统计量定义为 EDF 统计量。EDF 是以 $F(x, \theta)$ 与 $F_n(x)$ 的差为基础进行构造的，根据构造方式的不同，可形成 D 统计量、A^2 统计量、W^2 统计量等，以下对这些统计量分别进行描述。

上确界型统计量 D_n 为

$$D_n = \sup_{\forall x \in R} \left[F_n(x) - F(x, \theta) \right] \quad (7\text{-}2)$$

式中，R 为 x 的定义域。

平方差型统计量为

$$Q_n = n \int_{-\infty}^{\infty} \left[F_n(x) - F(x, \theta) \right]^2 \psi(x, \theta) \mathrm{d}F(x, \theta) \quad (7\text{-}3)$$

式中，权函数 $\psi(x, \theta) = 1$ 时，Q_n 为 W^2 统计量；$\psi(x, \theta) = \{ F(x, \theta) [1 - F(x, \theta)] \}^{-1}$ 时，Q_n 为 A^2 统计量。

令 $z_i = F(x_i, \theta)$，将式 7-2、式 7-3 进行积分变换后可得其数值计算公式

$$\begin{cases} D_n^+ = \max_{\forall i \in (1, 2, \cdots, n)} \left[\dfrac{i}{n} - z_{(i)} \right] \\ D_n^- = \max_{\forall i \in (1, 2, \cdots, n)} \left[z_{(i)} - \dfrac{i-1}{n} \right] \\ D_n = \max \left[D_n^+, \ D_n^- \right] \end{cases} \quad (7\text{-}4)$$

$$W_n^2 = \sum_{i=1}^{n} \left(z_{(i)} - \dfrac{2i-1}{2n} \right)^2 + \dfrac{1}{12n} \quad (7\text{-}5)$$

$$A_n^2 = -\frac{1}{n}\Big\{\sum_{i=1}^{n}(2i-1)\big[\ln z_{(i)} - \ln(1 - z_{(n+1-i)})\big]\Big\} - n \quad (7\text{-}6)$$

用数值计算的方法根据式 7-4～式 7-6 可以计算出统计量 D、A^2、W^2。

当不同分布模型未知参数矢量 θ 用极大似然估计时，根据表 7-1 所列有关公式对 EDF 统计量 T_n 的样本容量进行修正。

表 7-1　经样本容量修正的 EDF 统计量 T_n^* [8]

分 类	T_n^* 对 T_n 的样本容量修正		
	D^*	A^*	W^*
指数分布		$A_n^2\Big(1 + \dfrac{5.4}{n} + \dfrac{11.0}{n^2}\Big)$	$W_n^2\Big(1 + \dfrac{2.8}{n} - \dfrac{3.0}{n^2}\Big)$
正态分布		$A_n^2\Big(1 + \dfrac{0.75}{n} + \dfrac{2.25}{n^2}\Big)$	$W_n^2\Big(1 + \dfrac{0.5}{n}\Big)$
对数正态分布	$D_n\Big(\sqrt{n} - 0.01 + \dfrac{0.85}{\sqrt{n}}\Big)$	$A_n^2\Big(1 + \dfrac{0.75}{n} + \dfrac{2.25}{n^2}\Big)$	$W_n^2\Big(1 + \dfrac{0.5}{n}\Big)$
Gamma 分布		$A_n^2 + \dfrac{1}{n}\Big(0.2 + \dfrac{0.3}{n}\Big)$	$\dfrac{1.8nW_n^2 - 0.14}{1.8n - 1}$
威布尔		$A_n^2\Big(1 + \dfrac{0.2}{\sqrt{n}}\Big)$	$W_n^2\Big(1 + \dfrac{0.2}{\sqrt{n}}\Big)$

在给定的显著性水平下以 EDF 统计量进行拟合优度检验时，可能有几种原分布假设均被接受，此时可用似然比检验在几种被接受的原分布中进行择优。若 X 可能的分布为 $f_0(x, \theta_0)$ 或 $f_1(x, \theta_1)$，根据样本数据来确定 X 的最佳分布。若设

$$\begin{cases} H_0: X \sim f_0(x, \theta_0)(\theta_0 \in \Theta_0) \\ H_1: X \sim f_1(x, \theta_1)(\theta_1 \in \Theta_1) \end{cases} \quad (7\text{-}7)$$

则极大似然比 r_m 为[8]

$$r_m = \left\{\frac{\max\big[\prod_{k=1}^{n} f_1(x_k, \theta_1): \theta_1 \in \Theta_1\big]}{\max\big[\prod_{k=1}^{n} f_0(x_k, \theta_0): \theta_0 \in \Theta_0\big]}\right\}^{\frac{1}{n}} \quad (7\text{-}8)$$

根据 r_m 和似然比检验的临界值对比，来确定接受哪种概率分布模型为最优的分布模型，以上过程称为拟合优度似然比检验。

由于样本容量 $n=95$，为保证统计量的渐进有效性，未知参数矢量 θ 采用极大似然估计，表 7-2 是大型客车燃油消耗量 6 种假设分布的极大似然估计结果。

表 7-2 大型客车百公里油耗分布模型参数分量极大似然估计值

分布类型	统计参数数值		
指数分布 Exp（μ）	$\mu=23.2486$	—	—
正态分布 N（μ，σ^2）	$\mu=23.2486$	$\sigma=3.8062$	—
对数正态分布 LN（μ，σ^2）	$\mu=3.1335$	$\sigma=0.1593$	—
Gamma 分布 $\Gamma(\alpha,\beta)$	$\alpha=0.5882$	$\beta=39.5283$	—
威布尔 W（α，β）	$\alpha=5.7542$	$\beta=24.8860$	—
威布尔 W（α，β，γ）	$\alpha=2.2525$	$\beta=9.2781$	$\gamma=15$

将大型客车燃油消耗量组成的样本由式 7-4 ～ 式 7-6 计算出统计量 D^2、A^2、W^2，由于不同分布模型未知参数矢量 θ 是用极大似然估计，所以要用表 7-1 所列有关公式对 EDF 统计量 T_n 的样本容量进行修正，表 7-3 是经过修正的统计量 D^2、A^2、W^2。

表 7-3 大型客车百公里油耗 6 种分布条件下的 EDF 统计量修正结果

分布类型	D^2	A^2	W^2
指数分布 Exp（μ）	4.8499	33.3396	6.9520
正态分布 N（μ，σ^2）	1.0032	0.9227	0.1360
对数正态分布 LN（μ，σ^2）	0.8360	0.5369	0.0735
Gamma 分布 $\Gamma(\alpha,\beta)$	0.7893	0.5839	0.0820
威布尔 W（α，β）	1.1414	2.6579	0.3729
威布尔 W（α，β，γ）	1.0762	0.9434	0.1260

将 D^2、A^2、W^2 与不同显著性水平下各种假定分布的临界值对比，若统计量 D^2、A^2、W^2 的计算值小于临界值，则接受原概率分布假设，否则拒绝原假设，认为该样本数据不符合原假设的分布模型，检验结

果如表 7-4 所示。

表 7-4 大型客车百公里油耗 6 种分布条件下的 EDF 统计量检验结果

分布类型	统计量		不同显著性水平（α）的检验结果						
			0.01		0.05		0.1		0.25	
			临界值	结果	临界值	结果	临界值	结果	临界值	结果
指数分布 Exp（μ）	D^2	4.8499	0.1286	N	0.1075	N	0.0973	N	—	—
	A^2	33.3396	1.036	N	0.754	N	0.632	N	0.472	N
	W^2	6.952	0.178	N	0.126	N	0.102	N	0.074	N
正态分布 N（μ，σ^2）	D^2	1.0032	0.1017	Y	0.0880	N	0.0805	N		
	A^2	0.9227	1.036	Y	0.754	N	0.632	N	0.472	N
	W^2	0.136	0.178	Y	0.126	N	0.102	N	0.074	N
对数正态分布 LN（μ，σ^2）	D^2	0.836	0.1017	N	0.0880	N	0.0805	N		
	A^2	0.5369	1.036	Y	0.754	Y	0.632	Y	0.472	N
	W^2	0.0735	0.178	Y	0.126	Y	0.102	Y	0.074	Y
Gamma 分布 Γ（α，β）	D^2	0.7893	0.101	N	0.087	N	0.080	N		
	A^2	0.5839	1.036	Y	0.754	Y	0.632	Y	0.472	N
	W^2	0.082	0.178	Y	0.126	Y	0.102	Y	0.075	Y
威布尔 W（α，β）	D^2	1.1414	0.1003	N	0.0867	N	0.0797	N		
	A^2	2.6579	1.036	N	0.754	N	0.632	N	0.472	N
	W^2	0.3729	0.178	N	0.126	N	0.102	N	0.074	N
威布尔 W（α，β，γ）	D^2	1.0762	0.1003	N	0.0867	N	0.0797	N		
	A^2	0.9434	1.036	Y	0.754	Y	0.632	Y	0.472	N
	W^2	0.126	0.178	Y	0.126	N	0.102	N	0.074	N

注：Y 接受，N 拒绝。

由表 7-4 可知，当显著性水平 $\alpha=0.1$ 时，接受 A^2 和 W^2 统计量关于对数正态分布和 Gamma 分布的假设，当显著性水平 $\alpha=0.25$ 时，仍接受 W^2 统计量关于 Gamma 分布的假设。

在对数正态分布和 Gamma 分布中进行择优，设 H_0 为 Gamma 分布，H_1 为对数正态分布，由式 7-8 计算的极大似然比 r_m 为 0.052，故大型客车燃油消耗量分布模型符合 Gamma 分布，故仅按正态分布用

30 个容量的样本来估计母体的均值是不合理的。大型客车燃油消耗 Gamma 分布的概率密度函数曲线图形如图 7-3 所示。

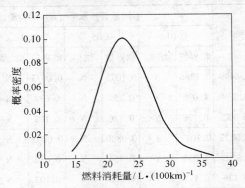

图 7-3　大型客车 Gamma 概率密度曲线

　　95 个样本的均值为 23.11L/(100km)，本章将以该值作为全体大型客车燃油消耗量的均值进行柴油燃料生命周期 TTW 阶段能量消耗分析。

7.1.1.3　大型客车柴油燃料 TTW 阶段能量消耗和排放

　　对 2005 年度我国新生产的大型客车，其燃油消耗量均值为 23.25L/(100km)。我国 2005 年新产的大型客车整体的能量消耗和部分排放均值如表 7-5 所示。与 CNG、HCNG 燃料进行 WTW 对比的柴油燃料试验大型客车，有 6 种匹配方案（见表 3-6），用第 5 章的道路试验和模拟计算方法可得 6 种匹配方案的燃油消耗量，然后根据燃油消耗量用式 3-13 计算对比分析用大型客车柴油燃料 TTW 阶段的能量消耗，计算所得的能量消耗和 SO_2、CO_2 排放也列于表 7-5 中。因柴油燃料的废气排放采用了 GB 17691—2005 的排放限值，故其 NO_x 排放为 5g/(kW·h)、HC 为 0.66g/(kW·h)、CO 为 2.1g/(kW·h)（见表 3-5）。

表 7-5　大型客车燃油消耗和部分排放均值

类　别		大型客车整体	对比用大型客车配置方案					
			1	2	3	4	5	6
能量消耗/MJ·(kW·h)$^{-1}$		14.06	13.19	13.09	12.98	13.21	13.15	13.23
燃料消耗	L/(100km)	23.25	23.15	23.09	22.87	23.18	23.16	24.55
	g/(kW·h)	330.76	310.35	308.00	305.41	310.82	309.41	311.29

类 别		大型客车整体	对比用大型客车配置方案					
			1	2	3	4	5	6
SO₂	g/(kW·h)	0.1973	0.1854	0.1840	0.1825	0.1857	0.1849	0.186
CO₂		1043	980.13	972.66	964.45	981.63	977.14	983.12

7.1.2 大型客车柴油燃料 WTW 阶段能量消耗和排放

根据试验用大型客车柴油燃料的 6 种动力传动系匹配方案（表 3-6）以及柴油在 WTT 阶段从原油开采到柴油的分配各环节中的能量消耗和气体排放，表 7-6 列出了我国 2005 年新产全体大型客车和对比试验用大型客车柴油燃料不同匹配方案在整个生命周期的能量消耗和气体排放，由表可知全体大型客车的能量消耗和温室气体排放分别为 5.0893GJ/GJ 和 335kg/GJ；其中车辆匹配方案 3（251kW 电喷柴油发动机和传动参数 I 匹配）的能量消耗最低，为 4.6984GJ/GJ；除 N_2O 排放，柴油燃料和车辆匹配方案 3 的其他排放均为最低，故与 CNG 及 HCNG 燃料进行 WTW 对比分析时即用该方案。

表 7-6 大型客车柴油燃料的 WTW 能量消耗和排放

类 别	全体大型客车	试验大型客车配置方案					
		1	2	3	4	5	6
柴油生产 WTT 阶段一次能源转化效率/%		76.74					
柴油生产 WTT 一次能源消耗/GJ·GJ⁻¹		0.3030					
车辆 TTW 阶段单位能量燃料消耗/g·(kW·h)⁻¹	311.29	310.35	308.00	305.41	310.82	309.41	311.29
车辆 TTW 阶段单位能量消耗/MJ·(kW·h)⁻¹	13.23	13.19	13.09	12.98	13.21	13.15	13.23
车辆 WTW 一次能源消耗/GJ·GJ⁻¹	4.7889	4.7744	4.7382	4.6984	4.7817	4.7599	4.7889

类 别		全体大型客车	试验大型客车配置方案					
			1	2	3	4	5	6
排放/g·GJ^{-1}	VOC	12.1	11.3	11.2	11.1	11.3	11.3	11.4
	CO	610.2	608.6	608.4	608.2	608.6	608.5	608.7
	NO$_x$	1527.5	1518.9	1517.9	1516.9	1519.1	1518.5	1519.3
	PM$_{10}$	8.7	8.1	8.1	8.0	8.1	8.1	8.2
	PM$_{2.5}$	32.3	30.3	30.1	29.8	30.3	30.2	30.4
	SO$_2$	737.7	692.2	686.9	681.2	693.2	690.1	694.3
	CH$_4$	327.2	318.3	317.3	316.2	318.5	317.9	318.7
	N$_2$O	1.37	1.28	1.27	1.26	1.28	1.28	1.28
	CO$_2$	3.27E5	3.17E5	3.15E5	3.12E5	3.17E5	3.16E5	3.18E5
	温室气体	3.35E5	3.25E5	3.23E5	3.20E5	3.26E5	3.24E5	3.26E5

7.2 大型客车 CNG、HCNG 燃料 WTW 阶段能量消耗和排放

7.2.1 大型客车 CNG、HCNG 燃料生命周期 TTW 阶段能量消耗和排放

将燃用 CNG、HCNG 燃料的大型客车传动系统（车辆部分参数见表 3-4）和 2 种动力系统进行匹配，组成 4 种匹配方案（见表 3-6），用第 5 章的模拟计算方法可得 4 种匹配方案的燃料消耗量，然后根据燃料消耗量用式 3-13 计算对比分析用大型客车 CNG、HCNG 燃料 TTW 阶段的能量消耗；用式 6-45 模拟计算大型客车 CNG、HCNG 燃料 TTW 阶段的排放；计算该 4 种匹配方案在 TTW 阶段的能量消耗和排放结果如表 7-7 所示，表中方案 9、10 的 20HCNG 燃料消耗量按 H$_2$ 和 CNG 热值折算为当量的 CNG 能量，即将 H$_2$ 的能量比上 CNG 的低热值等效为当量的 CNG（H$_2 \times 120 \div 50.1 + $CNG）能量；20HCNG 发动机在测试时包含了 H$_2$ 和 CNG 的排放，因 H$_2$ 的体积比为 20%，燃烧产物只有 H$_2$O 和 NO$_x$，故此处用 H$_2$ 燃烧的 NO$_x$ 排放因子 56.87g/GJ 来近似计算 HCNG 发动机 H$_2$ 燃烧时的 NO$_x$ 排放[9]；然后

将测试的 20HCNG 发动机燃烧排放进行分解,以总的测试排放值减去 H_2 燃烧生成的 NO_x 排放值即为 CNG 在 HCNG 发动机中燃烧生成的 NO_x 排放;而其他排放皆为 CNG 在 HCNG 发动机中燃烧生成的。CNG、H_2 燃料在 HCNG 发动机中燃烧生成的排放如表 7-7 方案 9、10 所在列中所示。与柴油燃料相比,相同的车辆采用 CNG 燃料,特别是 20HCNG 燃料,可以减少 TTW 阶段温室气体排放量最高达 35%。

表 7-7 CNG、HCNG 燃料 TTW 阶段能量消耗和气体排放

方　案		7	8	9			10		
燃　料		CNG	CNG	CNG	H_2	HCNG	CNG	H_2	HCNG
燃料消耗 /kg·(100km)$^{-1}$		27.58	31.92	30.12	0.906	32.29	25.67	0.884	27.79
燃料消耗 /g·(kW·h)$^{-1}$		236.1	274.2	258.5	7.78	277.2	221.1	7.56	239.2
能量消耗 /MJ·(kW·h)$^{-1}$		11.84	13.76	12.97	0.982	13.9	11.09	0.846	12
排放 /g·(kW·h)$^{-1}$	NO_x	25.81	52.23	7.19	0.056	7.25	9.95	0.048	10
	CH_4	2.35	2.08	1.89	0	1.89	2.57	0	2.57
	CO	9.04	9.52	4.37	0	4.37	7.60	0	7.60
	SO_2	0.0035	0.004	0.004	0	0.004	0.003	0	0.003
	CO_2	608.6	650.7		0	613.5	584.4	0	584.4
	温室气体	667.3	702.8	660.8	0	660.8	648.7	0	648.7

7.2.2 大型客车 CNG 燃料 WTW 阶段能量消耗和排放

前面分析了 5 种 NG 燃料路线和 2 种车辆传动系参数配置(方案 7、8)形成的 10 组大型客车组合,经模拟计算,其能量消耗和排放如表 7-8、表 7-9 所示;由表知车辆传动系配置采用方案 7(增压中冷电控 NG 喷射发动机和传动参数 I 匹配),燃料采用 NG 路线 1(NG 开采—管路运输—NG 加气站压缩—销售)的车辆燃料组合,除 SO_2 排放高于方案 7 和 NG 路线 2 的组合外,其能量消耗率和其他排放均为最低,比如能量消耗和温室气体排放分别为 4.15GJ/GJ、293kg/GJ;其次是采用方案 7 和 NG 路线 5(NG 开采—压缩—铁路运输—NG 加气站压缩—销售）的组合，其能量消耗率和温室气体排放分别为 4.56GJ/GJ、309kg/GJ 等效 CO_2；而采用方案 8（增压中冷电控 NG 喷射发动机和传动参数 II 组合）和 NG 路线 4（NG 开采—压缩—公路运输—NG 加气站压缩—销售）的能量消耗率和温室气体排放最高，分别为 7.67GJ/GJ、438kg/GJ 等效 CO_2。

表7-8 5 种 NG 燃料路线和车辆配置方案 7 组合的
大型客车能量消耗和排放

NG 路线		1	2	3	4	5
NG 生产 WTT 阶段一次能源转化效率/%		79.23	59.12	72.08	49.82	72.09
NG 生产 WTT 一次能源消耗/GJ·GJ^{-1}		0.26208	0.69161	0.38738	1.00725	0.3871
车辆 TTW 阶段单位能量燃料消耗/g·$(kW·h)^{-1}$		236.1	236.1	236.1	236.1	236.1
车辆 TTW 阶段单位能量消耗/MJ·$(kW·h)^{-1}$		11.84	11.84	11.84	11.84	11.84
车辆 WTW 一次能源消耗/GJ·GJ^{-1}		4.15	5.56	4.56	6.60	4.56
排放/g·GJ^{-1}	VOC	4.6	55.9	7.7	112.9	9.7
	CO	2537.0	2816.0	2550.5	3124.2	2546.9
	NO_x	7322.5	7459.1	7401.1	7707.9	7444.2
	PM_{10}	13.2	35.3	16.4	66.1	17.9
	$PM_{2.5}$	5.9	10.6	8.4	15.7	9.1
	SO_2	1238.3	776.3	1485.4	1474.3	1757.0
	CH_4	2302.1	2346.1	2616.6	2329.9	2323.5
	N_2O	0.7482	2.0338	1.0962	3.4020	0.8038
	CO_2	2.36E+05	2.75E+05	2.62E+05	3.35E+05	2.51E+05
	温室气体	2.93E+05	3.34E+05	3.27E+05	3.95E+05	3.09E+05

表7-9 5种NG燃料路线和车辆配置方案8组合的能量消耗和气体排放

NG 路线		1	2	3	4	5
NG 生产 WTT 阶段一次能源转化效率/%		79.23	59.12	72.08	49.82	72.09
NG 生产 WTT 一次能源消耗/GJ·GJ⁻¹		0.26208	0.69161	0.38738	1.00725	0.3871
车辆 TTW 阶段单位能量燃料消耗/g·(kW·h)⁻¹		274.23	274.23	274.23	274.23	274.23
车辆 TTW 阶段单位能量消耗/MJ·(kW·h)⁻¹		13.76	13.76	13.76	13.76	13.76
车辆 WTW 一次能源消耗/GJ·GJ⁻¹		4.82	6.47	5.30	7.67	5.30
排放 /g·GJ⁻¹	VOC	5.4	65.0	8.9	131.2	11.2
	CO	2674.6	2998.7	2690.2	3356.9	2686.1
	NO$_x$	14686.2	14845.0	14777.5	15134.1	14827.7
	PM$_{10}$	15.3	41.1	19.1	76.9	20.8
	PM$_{2.5}$	6.8	12.3	9.8	18.2	10.6
	SO$_2$	1439.1	902.2	1726.2	1713.4	2041.9
	CH$_4$	2495.5	2546.6	2861.0	2527.8	2520.4
	N$_2$O	0.8696	2.3637	1.2739	3.9537	0.9342
	CO$_2$	2.58E+05	3.03E+05	2.88E+05	3.74E+05	2.76E+05
	温室气体	3.21E+05	3.68E+05	3.60E+05	4.38E+05	3.39E+05

7.2.3 大型客车 HCNG 燃料 WTW 阶段能量消耗和排放

HCNG 有 12 种 H$_2$ 燃料路线（如表 3-3 所示）、5 种 NG 燃料路线和 2 种车辆传动系参数配置（方案 9、10）。根据 HCNG 在 TTW 阶段的能量消耗和排放分析结果（见表 7-7），分别计算 5 种 NG 燃料路线、12 种 H$_2$ 燃料路线与方案 9、10 所形成组合的能量消耗和排放，然后选择较优的燃料和车辆组合与柴油大型客车进行对比。

20HCNG 燃料采用车辆方案 9、10 时不同 NG 燃料路线的 CNG 能量消耗及 WTT 阶段排放分别如表 7-10、表 7-11 所示；不同 H_2 燃料路线 H_2 能量消耗及 WTT 阶段排放如表 7-12、表 7-13 所示。对比表 7-10 与表 7-11 及表 7-12 与表 7-13 可知，使用 20HCNG 燃料，方案 10 匹配优于方案 9，故对 20HCNG 燃料 WTW 分析时应选择方案 10 与较优的 CNG 与 H_2 燃料路线形成车辆燃料路线组合。方案 10 与 NG 燃料路线形成的车辆燃料组合的能量消耗和 WTW 阶段温室气体排放由低到高依次为 NG 路线 1、5、3、2、4。结果表明 NG 管路运输的能量消耗和 WTW 阶段温室气体排放最低；铁路运输优于公路运输，且 CNG 铁路运输优于 LNG。虽然 LNG 的密度是 CNG 的 603 倍（见表 4-1），液化后可提高运输效率从而降低运输过程的能量消耗和温室气体排放，但因液化时要消耗 0.12254MJ/MJ 的一次能源能量和产生 7280.59g/GJ 的温室气体，使 LNG 在 WTT 阶段的能量消耗和温室气体排放高于 CNG。

　　方案 10 与 H_2 燃料路线形成的车辆燃料组合的能量消耗和 WTW 阶段的温室气体排放分别依次为 6、1、5、3、12、2 和 6、12、3、5、2、1 等 H_2 燃料路线；可见 H_2 燃料生产过程中采用管道运输的能量消耗是最低的；而 NG 集中制氢公路运输 H_2 的燃料路线是 12 种燃料路线中最差的；H_2 燃料路线 6 虽然采用了管路运输集中制取的 H_2，但因 H_2 的运输效率低于 NG 的运输效率，且 H_2 管路运输采用电动压缩机为管路运输 H_2 提供运输压力将造成温室气体排放的增加。优选其中能量消耗和温室气体排放较低的 NG 与 H_2 燃料路线形成 20HCNG，分别为 NG 路线 1、5 与 H_2 路线 1、3、5、6；20HCNG 燃料与方案 10 形成车辆燃料组合，其能量消耗和 WTW 气体排放如表 7-14、表 7-15 所示。

表 7-10　大型客车 20HCNG 燃料 CNG 的能量消耗及
WTW 阶段气体排放（方案 9）

NG 路线	1	2	3	4	5
NG 生产 WTT 阶段一次能源转化效率/%	79.23	59.12	72.08	49.82	72.09
NG 生产 WTT 一次能源消耗/GJ·GJ^{-1}	0.26208	0.69161	0.38738	1.00725	0.3871

NG 路线		1	2	3	4	5
车辆 TTW 阶段单位能量燃料消耗/g·(kW·h)$^{-1}$		258.54	258.54	258.54	258.54	258.54
车辆 TTW 阶段单位能量消耗/MJ·(kW·h)$^{-1}$		12.97	12.97	12.97	12.97	12.97
车辆 WTW 一次能源消耗/GJ·GJ^{-1}		4.55	6.09	5.00	7.23	5.00
排放/g·GJ^{-1}	VOC	5.1	61.3	8.4	123.6	10.6
	CO	1242.3	1547.8	1257.0	1885.4	1253.1
	NO$_x$	2164.9	2314.5	2250.9	2587.0	2298.2
	PM$_{10}$	14.4	38.7	18.0	72.4	19.6
	PM$_{2.5}$	6.4	11.6	9.0	17.2	10.0
	SO$_2$	1356.4	850.3	1626.9	1614.8	1924.5
	CH$_4$	2331.5	2379.7	2676.0	2362.0	2355.0
	N$_2$O	0.8195	2.23	1.20	3.73	0.8804
	CO$_2$	2.43E+05	2.86E+05	2.72E+05	3.53E+05	2.60E+05
	温室气体	3.02E+05	3.46E+05	3.39E+05	4.13E+05	3.19E+05

表 7-11 大型客车 20HCNG 燃料 CNG 的能量消耗及
WTW 阶段气体排放（方案 10）

NG 路线	1	2	3	4	5
NG 生产 WTT 阶段一次能源转化效率/%	79.23	59.12	72.08	49.82	72.09
NG 生产 WTT 一次能源消耗/GJ·GJ^{-1}	0.26208	0.69161	0.38738	1.00725	0.3871
车辆 TTW 阶段单位能量燃料消耗/g·(kW·h)$^{-1}$	221.05	221.05	221.05	221.05	221.05
车辆 TTW 阶段单位能量消耗/MJ·(kW·h)$^{-1}$	11.09	11.09	11.09	11.09	11.09

续表 7-11

NG 路线		1	2	3	4	5
车辆 WTW 一次能源消耗 /GJ · GJ^{-1}		3. 8873	5. 2096	4. 2729	6. 1821	4. 2723
排放 /g · GJ^{-1}	VOC	4. 3	52. 4	7. 2	105. 7	9. 1
	CO	2135. 4	2396. 6	2148. 0	2685. 2	2144. 7
	NO$_x$	2907. 2	3035. 1	2980. 8	3268. 1	3021. 2
	PM$_{10}$	12. 3	33. 1	15. 4	61. 9	16. 7
	PM$_{2.5}$	5. 5	9. 9	7. 9	14. 7	8. 6
	SO$_2$	1159. 6	726. 9	1390. 9	1380. 5	1645. 3
	CH$_4$	2258. 4	2299. 6	2553. 0	2284. 5	2278. 5
	N$_2$O	0. 7007	1. 90	1. 03	3. 19	0. 7527
	CO$_2$	2. 25E+05	2. 61E+05	2. 49E+05	3. 18E+05	2. 39E+05
	温室气体	2. 81E+05	3. 19E+05	3. 13E+05	3. 76E+05	2. 96E+05

表 7-12　大型客车 20HCNG 燃料 H$_2$ 的能量消耗及 WTW 阶段气体排放（方案 9）

H$_2$ 路线		1	2	3	4	5	6
H$_2$ 生产 WTT 阶段一次能源转化效率/%		42. 98	32. 06	39. 09	27. 02	39. 1	43. 13
H$_2$ 生产 WTT 一次能源消耗/GJ · GJ^{-1}		1. 3269	2. 1189	1. 5580	2. 7008	1. 5574	1. 3188
TTW 阶段单位能量燃料消耗/g · (kW · h)$^{-1}$		8. 1805	8. 1805	8. 1805	8. 1805	8. 1805	8. 1805
TTW 阶段单位能量消耗/MJ · (kW · h)$^{-1}$		0. 9817	0. 9817	0. 9817	0. 9817	0. 9817	0. 9817
车辆 WTW 一次能源消耗/GJ · GJ^{-1}		0. 6344	0. 8505	0. 6976	1. 0092	0. 6974	0. 6322
排放 /g · GJ^{-1}	VOC	1. 77	5. 56	1. 42	10. 28	1. 72	1. 42
	CO	7. 17	30. 43	7. 31	55. 99	8. 13	5. 21

H₂ 路线		1	2	3	4	5	6
排放 /g·GJ⁻¹	NO_x	72.86	69.96	59.23	90.59	68.72	61.04
	PM_{10}	3.53	4.59	2.65	7.14	3.14	2.88
	$PM_{2.5}$	1.74	1.79	1.52	2.21	1.67	1.39
	SO_2	531.49	304.27	314.88	362.14	385.58	437.00
	CH_4	185.47	192.40	192.08	191.06	190.53	141.73
	N_2O	0.2396	0.3490	0.2427	0.4636	0.2481	0.1691
	CO_2	2.82E4	2.58E4	2.24E4	3.09E4	2.39E4	3.91E4
	温室气体	5.01E4	4.80E4	4.45E4	5.30E4	4.60E4	4.26E4

H₂ 路线		7	8	9	10	11	12
H₂ 生产 WTT 阶段一次能源转化效率/%		17.69	26.59	13.37	20.1	15.45	36.41
H₂ 生产 WTT 一次能源消耗/GJ·GJ⁻¹		4.6537	2.7613	6.4783	3.9752	5.4735	1.7462
TTW 阶段单位能量燃料消耗/g·(kW·h)⁻¹		8.1805	8.1805	8.1805	8.1805	8.1805	8.1805
TTW 阶段单位能量消耗/MJ·(kW·h)⁻¹		0.9817	0.9817	0.9817	0.9817	0.9817	0.9817
车辆 WTW 一次能源消耗/GJ·GJ⁻¹		1.5415	1.0255	2.0395	1.3566	1.7649	0.7489
排放 /g·GJ⁻¹	VOC	11.08	2.07	13.37	4.36	30.34	2.00
	CO	59.90	10.32	59.70	10.13	161.62	6.15
	NO_x	85.39	56.78	186.21	157.60	172.78	77.60
	PM_{10}	7.11	2.78	12.65	8.33	17.44	3.27
	$PM_{2.5}$	2.39	1.66	4.22	3.49	4.25	1.58
	SO_2	397.68	402.23	1538.74	1543.29	593.43	556.24
	CH_4	135.06	132.85	234.79	232.59	162.72	67.74
	N_2O	0.6899	0.4608	0.5126	0.2836	0.9108	0.1745
	CO_2	5.55E4	4.75E4	8.40E4	7.60E4	7.02E4	4.25E4
	温室气体	5.90E4	5.08E4	9.00E4	8.18E4	7.44E4	4.42E4

表 7-13 大型客车 20HCNG 燃料 H₂ 的能量消耗及 WTT 阶段气体排放（方案 10）

H₂ 路线		1	2	3	4	5	6
H₂ 生产 WTT 阶段一次能源转化效率/%		42.98	32.06	39.09	27.02	39.10	43.13
H₂ 生产 WTT 一次能源消耗/GJ·GJ⁻¹		1.3269	2.1189	1.5580	2.7008	1.5574	1.3188
TTW 阶段单位能量燃料消耗/g·(kW·h)⁻¹		7.0471	7.0471	7.0471	7.0471	7.0471	7.0471
TTW 阶段单位能量消耗/MJ·(kW·h)⁻¹		0.8457	0.8457	0.8457	0.8457	0.8457	0.8457
车辆 WTW 一次能源消耗/GJ·GJ⁻¹		0.5465	0.7327	0.6009	0.8694	0.6008	0.5446
排放 /g·GJ⁻¹	VOC	1.53	4.79	1.22	8.85	1.48	1.22
	CO	6.18	26.22	6.29	48.23	7.00	4.49
	NOₓ	62.77	60.26	51.02	78.04	59.20	52.58
	PM₁₀	3.04	3.95	2.28	6.15	2.70	2.48
	PM₂.₅	1.50	1.54	1.31	1.91	1.44	1.20
	SO₂	457.86	262.11	271.25	311.97	332.16	376.45
	CH₄	159.77	165.74	165.47	164.59	164.13	122.09
	N₂O	0.2064	0.3007	0.2091	0.3993	0.2138	0.1456
	CO₂	2.43E4	2.23E4	1.93E4	2.66E4	2.06E4	3.37E4
	温室气体	4.32E4	4.13E4	3.84E4	4.57E4	3.96E4	3.67E4
H₂ 路线		7	8	9	10	11	12
H₂ 生产 WTT 阶段一次能源转化效率/%		17.69	26.59	13.37	20.10	15.45	36.41
H₂ 生产 WTT 一次能源消耗/GJ·GJ⁻¹		4.6537	2.7613	6.4783	3.9752	5.4735	1.7462
TTW 阶段单位能量燃料消耗/g·(kW·h)⁻¹		7.0471	7.0471	7.0471	7.0471	7.0471	7.0471

H$_2$ 路线		7	8	9	10	11	12
TTW 阶段单位能量消耗 /MJ·(kW·h)$^{-1}$		0.8457	0.8457	0.8457	0.8457	0.8457	0.8457
车辆 WTW 一次能源消耗/GJ·GJ^{-1}		1.3279	0.8834	1.7569	1.1687	1.5204	0.6452
排放 /g·GJ^{-1}	VOC	9.55	1.79	11.51	3.75	26.14	1.72
	CO	51.60	8.89	51.43	8.72	139.23	5.30
	NO$_x$	73.56	48.91	160.41	135.77	148.84	66.85
	PM$_{10}$	6.12	2.40	10.90	7.17	15.02	2.82
	PM$_{2.5}$	2.06	1.43	3.64	3.00	3.66	1.36
	SO$_2$	342.58	346.50	1325.55	1329.46	511.21	479.18
	CH$_4$	116.34	114.45	202.26	200.36	140.17	58.35
	N$_2$O	0.5943	0.3970	0.4416	0.2443	0.7846	0.1503
	CO$_2$	4.78E4	4.09E4	7.24E4	6.55E4	6.04E4	3.66E4
	温室气体	5.08E4	4.38E4	7.75E4	7.05E4	6.41E4	3.81E4

表 7-14 20HCNG（NG 路线 1 加 6 种 H$_2$ 路线）燃料能量消耗和
WTW 气体排放（方案 10）

H$_2$ 路线		1	2	3	5	6	12
车辆 TTW 阶段单位能量消耗/MJ·(kW·h)$^{-1}$		11.94	11.94	11.94	11.94	11.94	11.94
车辆 WTW 一次能源消耗/GJ·GJ^{-1}		4.43	4.62	4.49	4.49	4.43	4.53
排放 /g·GJ^{-1}	VOC	5.83	9.09	5.52	5.78	5.52	6.02
	CO	2141.58	2161.62	2141.69	2142.40	2139.89	2140.70
	NO$_x$	2969.97	2967.46	2958.22	2966.40	2959.78	2974.05
	PM$_{10}$	15.34	16.25	14.58	15.00	14.78	15.12
	PM$_{2.5}$	7.00	7.04	6.81	6.94	6.70	6.86

H$_2$ 路线		1	2	3	5	6	12
排放 /g·GJ^{-1}	SO$_2$	1617.46	1421.71	1430.85	1491.76	1536.05	1638.78
	CH$_4$	2418.17	2424.14	2423.87	2422.53	2380.49	2316.75
	N$_2$O	0.9071	1.0014	0.9098	0.9145	0.8463	0.851
	CO$_2$	2.49E5	2.47E5	2.44E5	2.46E5	2.59E5	2.62E5
	温室气体	3.24E5	3.22E5	3.19E5	3.21E5	3.18E5	3.19E5

表 7-15　20HCNG（NG 路线 5 加 6 种 H$_2$ 路线）燃料能量消耗和
WTW 气体排放（方案 10）

H$_2$ 路线		1	2	3	5	6	12
车辆 TTW 阶段单位能量 消耗/MJ·(kW·h)$^{-1}$		11.94	11.94	11.94	11.94	11.94	11.94
车辆 WTW 一次能源消 耗/GJ·GJ^{-1}		4.82	5.01	4.87	4.87	4.82	4.92
排放 /g·GJ^{-1}	VOC	10.63	13.89	10.32	10.58	10.32	10.82
	CO	2150.88	2170.92	2150.99	2151.70	2149.19	2150.00
	NO$_x$	3083.97	3081.46	3072.22	3080.40	3073.78	3088.05
	PM$_{10}$	19.74	20.65	18.98	19.40	19.18	19.52
	PM$_{2.5}$	10.10	10.14	9.91	10.04	9.80	9.96
	SO$_2$	2103.16	1907.41	1916.55	1977.46	2021.75	2124.48
	CH$_4$	2438.27	2444.24	2443.97	2442.63	2400.59	2336.85
	N$_2$O	0.9591	1.0534	0.9618	0.9665	0.8983	0.903
	CO$_2$	2.63E5	2.61E5	2.58E5	2.60E5	2.73E5	2.76E5
	温室气体	3.39E5	3.37E5	3.34E5	3.36E5	3.33E5	3.34E5

　　从表 7-14、表 7-15 知车辆配置采用方案 10，以 NG 路线 1 组成的 20HCNG 燃料 WTW 的能量消耗和排放优于 NG 路线 5。

7.3　大型客车柴油、CNG 及 HCNG 燃料 WTW 阶段能量消耗和排放对比

　　为评价大型客车使用柴油、CNG 及 HCNG 燃料进行 WTW 分析的

能量消耗和排放情况，采用一辆具有两种传动参数配置（见表3-6）的大型客车进行对比分析。

7.3.1　大型客车柴油、CNG 及 HCNG 燃料 TTW 阶段能量消耗和排放对比

下面对比分析大型客车使用柴油、CNG 及 HCNG 燃料 WTW 阶段能量消耗和排放。对比分析用的大型客车 10 种车辆匹配方案（见表3-6）在 TTW 阶段的能量消耗如图 7-4 所示，由图知增压中冷电控喷射发动机（CNG）和传动参数 I 匹配的大型客车（方案7）的能量消耗最低，为11.84MJ/（kW·h）；其次是方案10，其能量消耗为12MJ/（kW·h）；方案 7、8 均是使用 CNG 燃料，而方案 9、10 均是使用 20HCNG 燃料，但在 TTW 阶段同一燃料用于不同的发动机与车辆传动系匹配方案时其能量消耗相差很大，如方案 7 在大型客车 TTW 阶段的能量消耗比方案 8 低14%，说明在对车辆 WTW 分析时先对动力系统进行匹配是很重要的，否则计算结果将有很大偏差。

因对柴油 TTW 分析时使用了 GB 17691—2005 规定的排放限值而没有对柴油发动机进行排放测试，故仅对柴油、CNG 及 HCNG 燃料在 TTW 阶段的 SO_2 和温室气体进行对比分析，对比结果如图 7-5、图 7-6 所示，可知使用 CNG、HCNG 比柴油在 TTW 阶段的 SO_2 和温室气体低，主要是因燃料中的含 C、S 率不同造成的，如柴油的单位能量的含 S 率、含 C 率分别是 CNG 的 47 倍和 1.28 倍（见表4-1），而 H_2 中不含 C 和 S 元素，燃烧时无 CO_2、SO_2 排放。

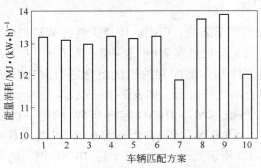

图 7-4　大型客车 TTW 阶段单位能量消耗

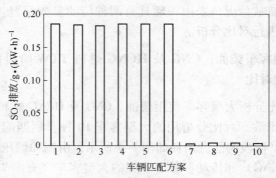

图 7-5　大型客车 TTW 阶段单位能量 SO_2 排放对比

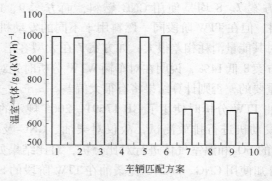

图 7-6　大型客车 TTW 阶段单位能量温室气体排放对比

7.3.2　大型客车柴油、CNG 及 HCNG 燃料 WTW 阶段能量消耗和排放对比

　　根据对大型客车柴油、CNG、HCNG 燃料 WTW 的能量消耗和气体排放分析，结果分别见表 7-6、表 7-8、表 7-9、表 7-14 和表 7-15，选取每种燃料路线和车辆配置的较优组合进行对比分析，为便于表述，对这些组合用代号表示，如表 7-16 所示。

　　大型客车柴油、CNG、HCNG 燃料 WTW 阶段一次能源消耗对比如图 7-7 所示，可知 CNG 燃料在大型客车 WTW 阶段具有最低的一次能源消耗（如 C2 所示），为 4.15GJ/GJ；HCNG 燃料的一次能源消耗也较低为 4.43GJ/GJ（如 C4、C7 所示）；可见 CNG、HCNG 燃料可

表 7-16 大型客车辆匹配方案及燃料生产路线组合代号

代 号	车辆匹配方案	燃料生产路线		
		CNG	H_2	柴油
C1	3			1
C2	7	1		
C3		5		
C4	10		1	
C5			3	
C6		1	5	
C7			6	
C8			12	
C9			1	
C10			3	
C11		5	5	
C12			6	
C13			12	

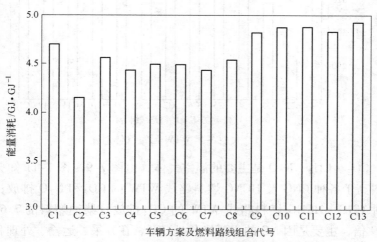

图 7-7 车辆 WTW 一次能源消耗对比

减少大型客车 WTW 过程一次能源消耗。HCNG 比 CNG 大型客车 WTW 过程一次能源消耗高，除在 TTW 阶段的能量消耗高外（见图 7-4），NG 制 H_2 过程本身也消耗一定的能量。

虽然 CNG 及 HCNG 燃料在大型客车 TTW 阶段的温室气体排放低于柴油燃料（见图 7-6），但从图 7-8 知并非所有的 CNG 及 HCNG 燃料路线 WTW 都具有低于柴油燃料的温室气体排放，主要是因气体燃料运输环节的温室气体排放较高造成的。HCNG 燃料虽然在 TTW 阶段的温室气体排放低于 CNG，但本书分析的 H_2 燃料是制取的，在制氢过程中增加了温室气体排放，同时由于 H_2 的密度是 NG 的 1/8 左右，无论液化还是压缩后运输均造成比 NG 更多的温室气体排放。

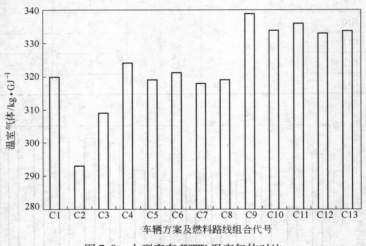

图 7-8 大型客车 WTW 温室气体对比

CO_2、CH_4、N_2O 是主要的温室气体，由图 7-9 ~ 图 7-11 知柴油燃料高于各种 CNG 及 HCNG 燃料路线 WTW 的 CO_2 和 N_2O 排放；而各种 CNG、HCNG 燃料路线 WTW 的 CH_4 排放是柴油燃料的 7.67 ~ 9.79 倍，主要是因 NG 的主要成分是 CH_4，在开采、运输、处理和制氢过程中存在逸散排放造成的。比如在 NG 开采过程中通风及开采分离过程中的 CH_4 排放比原油开分别高 3.91g/GJ、111.15g/GJ。以上分析说明，和柴油燃料相比，除管道运输天然气的燃料路线外，其他的 CNG、HCNG 燃料路线在 WTT 阶段会产生大量的温室气体，从而在整个 WTW 过程中具有较高的温室气体排放。

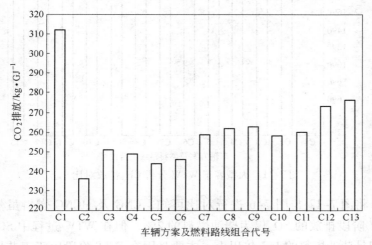

图 7-9　大型客车 WTW 分析 CO_2 排放对比

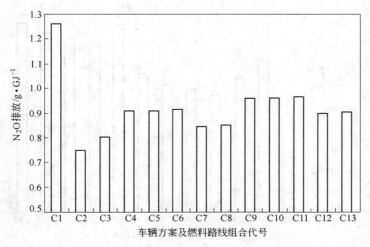

图 7-10　大型客车 WTW 分析 N_2O 排放对比

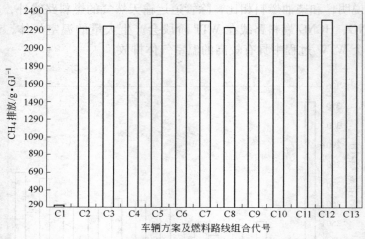

图 7-11 大型客车 WTW 分析 CH$_4$ 排放对比

将图 7-12 与图 7-6 进行对比可知，CNG 及 HCNG 燃料虽然在 TTW 阶段排放的 SO$_x$ 仅为柴油燃料的 2%，但在 WTW 过程中 SO$_x$ 排放却是柴油燃料的 1.7 倍以上，主要是因在 WTT 阶段由于工艺燃料的使用而产生大量的 SO$_x$ 排放。为便于比较柴油、CNG 及 HCNG 燃

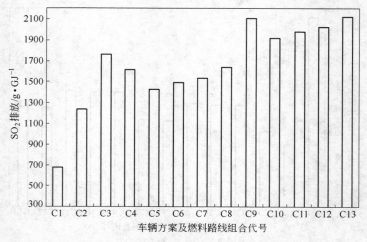

图 7-12 大型客车 WTW 分析 SO$_2$ 排放对比

料在 WTW 过程中的 PM 排放，将 PM_{10} 和 $PM_{2.5}$ 合并，比较结果如图 7-13 所示，可知 CNG 及 HCNG 燃料在 WTW 过程中的 PM 排放低于柴油燃料（特别是在 TTW 阶段，CNG 及 HCNG 燃料几乎无 PM 排放）；由图 7-14、图 7-15 知 CNG 及 HCNG 燃料在 WTW 过程中的 NO_x 和 CO 排放均高于柴油燃料。从图 7-16 知 CNG 燃料的 VOC 排放最低，柴油燃料最高；包含管道运输 NG 的燃料路线其 VOC 排放均较低。

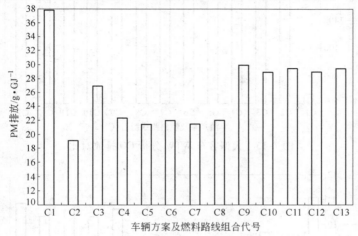

图 7-13　大型客车 WTW 分析 PM 排放对比

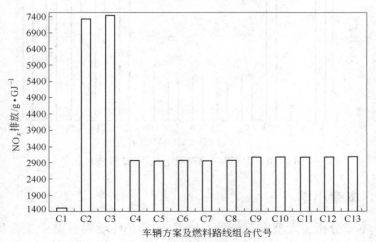

图 7-14　大型客车 WTW 分析 NO_x 排放对比

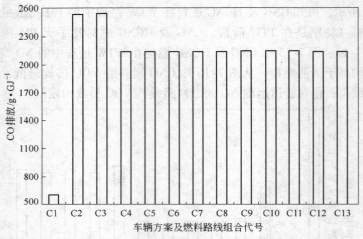

图 7-15 大型客车 WTW 分析 CO 排放对比

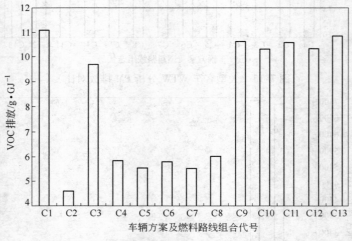

图 7-16 大型客车 WTW 分析 VOC 排放对比

7.4 本章小结

本章分析了大型客车柴油、CNG 及 HCNG 燃料在整个生命周期的能量消耗和排放，分析结果如下：

（1）通过用95个容量的大型客车燃料消耗量样本均值对全体大型客车柴油燃料生命周期能量消耗和排放分析，确定了全体大型客车燃料消耗量均值为 23.11L/（100km），TTW 阶段单位能量消耗为 330.76g/（kW·h），WTW 过程的能量消耗和温室气体排放分别为 4.7889GJ/GJ 和 335kg/GJ。

（2）匹配方案3（251kW 电喷柴油发动机和传动参数Ⅰ匹配）的大型客车柴油消耗量和温室气体排放最低，分别为 4.6984GJ/GJ、320kg/GJ；与柴油燃料相比，相同的大型客车采用 CNG 燃料，特别是 20HCNG 燃料，可以减少 TTW 阶段温室气体排放量最高达 35%。

（3）NG 路线1、5 和车辆传动系配置方案7 的组合较好，其一次能源消耗分别为 4.15GJ/GJ、4.56GJ/GJ，温室气体排放分别为 293kg/GJ、309kg/GJ；使用 20HCNG 燃料，方案10 匹配优于方案9。

（4）CNG 大型客车（方案7）和 HCNG 大型客车（方案10）在 TTW 阶段的能量消耗较低，分别为 11.84MJ/（kW·h）、12MJ/（kW·h）；因 CNG、HCNG 比柴油中的含 C、S 率低，大型客车 CNG、HCNG 燃料在 TTW 阶段的 SO_2 和温室气体比柴油低。CNG 及 HCNG 燃料在 TTW 阶段排放的 SO_x 仅为柴油燃料的 2%，但在 WTW 过程中 SO_x 排放却是柴油燃料的 1.7 倍以上。

（5）CNG、HCNG 燃料在大型客车 WTW 中的一次能源消耗分别为 4.15GJ/GJ、4.43GJ/GJ，低于柴油大型客车 WTW 的一次能源消耗，CNG、HCNG 燃料可减少大型客车 WTW 的一次能源消耗。柴油燃料 TTW 的 CO_2 和 N_2O 排放高于各种路线的 CNG 及 HCNG 燃料；但各种 CNG、HCNG 燃料路线 WTW 的 CH_4 排放是柴油燃料的 7.67～9.79 倍；和柴油燃料相比，除管道运输天然气的燃料路线外，其他的 CNG、HCNG 燃料路线在整个 WTW 过程中具有较高的温室气体排放。

（6）CNG 及 HCNG 燃料在 WTW 过程中的 PM 排放低于柴油燃料（特别是在 TTW 阶段，CNG 及 HCNG 燃料几乎无 PM 排放）；CNG 燃料的 VOC 排放低于其他燃料；CNG 及 HCNG 燃料在 WTW 过程中的 NO_x 和 CO 排放均高于柴油燃料。

参 考 文 献

[1] Lave L, MacLean H, Hendrickson C, et al. Life- Cycle Analysis of Alternative Automobile Fuel/Propulsion Technologies [J]. Environmental Science & Technology, 2000, 34 (17): 3598 ~ 3605.

[2] Maclean H L, Lave L B. Environmental Implications of Alternative- Fueled Automobiles: Air Quality and Greenhouse Gas Tradeoffs [J]. Environmental Science & Technology, 2000, 34 (2): 225 ~ 231.

[3] Sullivan J L, Hu J. Life Cycle Energy for Analysis for Automobiles [C]. Warrendale, PA: Society of Automobile Engineers, 1995.

[4] Petrov R L. Application of Life Cycle Assessment Methodology for Comparative LaDa Automobiles [J]. SAE, 2000, 2000-01-1492.

[5] Sullivan J L, Cobas E. Full Vehicle LCAs: a Review [J]. Society of Automotive Engineers. Environmental Sustainability Conference, 2001, 2001-01-3725.

[6] Keoleian G A. Optimizing Vehicle Life Using Life Cycle Energy Analysis and Dynamic Replacement Modeling [J]. SAE, 2001, 2001-01-1499.

[7] 高有山, 李兴虎. 大型客车燃油消耗量分布检验择优分析 [J]. 汽车工程, 2009, (11): 1077 ~ 1080.

[8] Cong Dong, Rong Haiwu, Xia Renwei. The Distribution Modle of Fatigue Life and its Good-of- Fit Test [J]. Chinese Journal of Aeronautics, 1995, 8 (3): 185 ~ 190.

[9] Wang M Q. GREET1. 5- Transportantation Fuel- Cycle Model Volume 1: Methodology, Development, Use and Results [R]. Center for Transportation Research, Energy Systems Division, Argonne National Laboratory, 1999.

附　　录

附录A　道路试验大型客车参数

车辆编号	车辆等级	发动机型号	油耗 /L·(100km)⁻¹	车长 /mm	总质量 /kg	整备质量 /kg	功率 /kW	最高车速 /km·h⁻¹	座（铺）/个
1	高一	YC6J190-20	15.80	9300	12000	9300	140	110	43（24）
2	高一	CKDC220	17.58	9375	12500	9300	162	120	39
3	高一	ISBE22031	24.41	9375	12800	9300	162	115	43
4	高一	ISBE22031	25.29	9375	12800	9300	162	115	43
5	高一	YC6J230	23.85	9500	13500	10300	170	110	39
6	高一	VOLVODH12	25.60	9895	13600	9600	177	115	45（24）
7	高一	YC6J245-30	19.71	9895	13600	10000	180	115	45（24）
8	高一	OM457LA	15.76	10300	13800	9800	156	110	59（24）
9	高一	OM457LA	15.76	10300	13800	9800	156	110	59（24）
10	高一	YC6G270-20	26.17	10420	14000	9550	170	120	57
11	高一	YC6A240	26.50	10420	14000	9550	177	120	57
12	高一	SC8DK250Q3	22.26	10450	15000	11330	184	120	47
13	高一	YC6L330-20	17.32	10450	15000	11330	176	120	47
14	高一	WP6240	26.66	10480	14000	10300	170	110	43
15	高一	P11C-UJ	21.08	10490	14900	11200	199	115	47
16	高一	P11C-UH	21.08	10490	14900	11200	199	115	47
17	高一	WP10336	21.34	10490	14230	10550	177	115	51
18	高一	SC8DK250Q3	21.34	10490	14230	10550	177	110	47（24）
19	高一	C30020	22.60	10490	16500	12300	221	110	47（24）
20	高一	YC6G270	23.46	10490	14710	11200	199	120	47
21	高一	YC6G270	23.46	10490	14710	11200	199	120	45（24）

车辆编号	车辆等级	发动机型号	油耗/L·(100km)$^{-1}$	车长/mm	总质量/kg	整备质量/kg	功率/kW	最高车速/km·h^{-1}	座（铺）/个
22	高一	C245-20	24.85	10490	14270	10500	191	120	47
23	高一	PE6T	25.21	10490	14270	10500	188	120	47
24	高一	YC6A240-20	25.29	10490	14270	10500	180	120	47
25	高一	YC6L280-20	25.55	10490	14270	10500	180	120	47
26	高一	CA6DF2	26.89	10600	14200	10540	177	110	47
27	高一	VOLVOD7C	19.22	10730	14600	10760	170	110	49
28	高一	C300.20	19.42	10730	14600	10760	173	110	49
29	高一	PE6T	18.43	10780	14250	10500	158	110	47(24)
30	高一	PE6T	18.43	10780	14250	10500	158	110	47(24)
31	高一	VOLVO D7C	18.43	10780	14250	10500	158	110	47(24)
32	高一	D7A285E C96	37.20	10845	15800	12280	210	125	46(25)
33	高一	D7A285E C96	37.20	10845	15800	12280	210	125	45(25)
34	高一	C30020	26.40	11250	16100	12300	221	110	45
35	高一	C30020	26.95	11270	15755	11770	221	120	51
36	高一	ISMP335	21.04	11290	16500	12300	199	120	47
37	高一	C30020	21.04	11290	16500	12300	199	110	53(25)
38	高一	YC6G300	29.47	11350	16500	12100	221	120	51
39	高一	J08ETU	24.93	11385	15780	11800	213	120	51
40	高一	YC6G270-20	23.53	11490	16500	12300	221	120	51
41	高一	D7A285EC96	20.76	11845	16510	12680	210	125	49(25)
42	高一	J08CUE	27.05	11850	15800	12130	210	125	47(25)
43	高一	P11C	23.29	11857	17500	13000	259	110	45(24)
44	高一	WD61530	21.2	11930	16510	12680	210	125	49(25)
45	高一	WD615.46	18.14	11950	17300	12450	266	120	55(24)
46	高一	YC6L280	23.26	11985	16500	11350	206	110	66
47	高一	YC6L330-30	21.59	11995	17800	13200	239	125	51

续附录 A

车辆编号	车辆等级	发动机型号	油耗/L·(100km)⁻¹	车长/mm	总质量/kg	整备质量/kg	功率/kW	最高车速/km·h⁻¹	座（铺）/个
48	高一	WD615.46	21.6	11995	17800	13200	239	110	55(25)
49	高一	CA6DF3-24E3	24.48	11995	17500	13000	220	110	55(25)
50	高一	D7A285EC96	21.67	12000	16500	12200	191	125	55
51	高一	VOLVOD7A	22.67	12000	17500	12980	221	125	49
52	高一	YC6G270-30	22.71	12000	17500	12980	221	110	55(18)
53	高一	D2866L0H26	23.01	12000	18000	14000	257	120	51(25)
54	高一	PE6T	25.6	12000	17800	14400	213	125	36
55	高一	ISLE29020	25.66	12000	17800	14400	213	110	43(24)
56	高一	YC6A260-20	18.37	12000	16500	12200	191	110	55(24)
57	高二	WD615.46	21.9	11.48	16200	12150	221	120	49
58	高二	C30020	27.45	11270	15755	11770	221	120	51
59	高二	CA6DE2-18	27.5	11385	15755	11780	220	120	51
60	高二	YC6J210-20	27.59	11385	15755	11780	221	120	51
61	高二	ISBE22031	27.91	11385	15780	11800	221	120	51
62	高二	D2866LOH26	21.11	11460	15650	1100	221	120	51
63	高二	CA6DL1-32E3	21.02	11460	15650	11600	235	120	51(24)
64	高二	YC6L350-20	21.11	11460	15650	1100	221	120	51
65	高二	WD61530	21.91	11460	15650	11600	221	120	51(24)
66	高二	VOLVOD7A	21.63	11480	16200	11700	221	120	51(24)
67	高二	YC6A240-20	22.58	11480	16200	11700	258	120	51(24)
68	高二	YC6A240-20	22.42	11480	16200	12150	258	120	49(24)
69	高二	C2220	23.53	11490	16500	12300	221	120	51
70	高二	VOLVOD7A	21.61	11930	16510	12680	228	125	49(25)
71	高二	WD615.46	18.98	11950	17300	13000	266	120	53(24)

车辆编号	车辆等级	发动机型号	油耗 /L·(100km)⁻¹	车长 /mm	总质量 /kg	整备质量 /kg	功率 /kW	最高车速 /km·h⁻¹	座（铺）/个
72	高二	YC6A240-20	22.18	11950	17700	13400	235	125	55（23）
73	高二	YC6L330	31.1	11980	17350	13150	243	120	53
74	高二	CA6DL1	27.44	11985	17200	12910	246	120	55
75	高二	6C230-2	27.71	11985	17200	12910	258	120	55
76	高二	CA6DF2-24	27.92	11985	17200	13535	247	120	44
77	高二	ISBE22031	28.41	11985	17200	13535	243	120	44
78	高二	ISLE+300	19.93	12000	17750	13200	260	125	53
79	高二	ISLE+350	19.93	12000	17750	13200	243	120	53
80	高二	ISLE+350	20.14	12000	16200	12000	243	120	53（24）
81	高二	VOLVOD7E	20.14	12000	16200	12000	235	120	49
82	高二	VOLVOD7E	20.97	12000	16780	12900	235	125	49（25）
83	高二	CA6DL1-30	21.17	12000	16510	12680	228	125	49（25）
84	高二	CumminsL325	22.96	12000	18000	14000	257	125	47
85	高二	YC6G270-20	23.15	12000	17000	13000	239	125	51（25）
86	高二	YC6G300-20	23.35	12000	17700	13220	246	120	53（24）
87	高二	YC6L280-30	23.35	12000	17700	13220	246	120	53
88	高二	YC6A260-20	24.82	12000	18000	13400	266	120	55
89	高二	J08ETN	27.02	12000	17770	13480	221	125	55
90	高二	CA6DE2-22	27.19	12000	17770	13480	240	125	55
91	高三	VOLVODH12	21.4	12000	18000	14000	279	125	51（25）
92	高三	P11C-UL	21.11	12000	17000	14150	250	125	36
93	高三	WD615.44	22.74	12000	17500	13350	235	125	47
94	高三	SC8DK250Q3	23.22	12000	17500	13000	259	125	47
95	高三	CA6DF2-24	25.45	12000	16830	13000	250	125	49（25）

附录 B 平均加速度近似求解行驶阻力

车辆的行驶阻力也可用平均加速度近似求解，对车辆按 GB/T 12534-1990《汽车道路试验方法通则》和 GB/T 12536—1990《汽车滑行试验方法》进行滑行，记录速度从 v_i 到 v_{i+1} 所经历的时间 Δt_i，设车辆滑行时质量为 $m(\text{kg})$，则该时间内的平均行驶阻力 $F_i(\text{N})$ 可表示为

$$F_i = m(v_i - v_{i+1}) / \Delta t$$

则不同速度点的行驶阻力皆可用相应的速度区间内的平均行驶阻力 F_i 表示。

冶金工业出版社部分图书推荐